SAMMLUNG TUSCULUM

dungen nicht aushalten, außerdem vorteilhaft dafür, verdächtige Plätze auszukundschaften und sich in Hinterhalte zu legen – mit einem Wort also sowohl gut dafür, *vor* den Fußsoldaten zu kämpfen, als auch vorteilhaft dafür, *mit* ihnen zu kämpfen, als auch tauglich dafür, *nach* ihnen die Niederlage für die Barbaren, die zuvor von den Fußsoldaten geschlagen wurden, zu vollenden.

(16.1) Von Reitern sind die Stellungen vielfältig und vielgestaltig: Die einen sind quadratisch, die anderen rechteckig, wieder andere rautenförmig, nochmals andere keilförmig zusammengeführt.

(16.2) Gut sind diese Stellungen alle, wenn sie im rechten Moment eingerichtet werden. Niemand wird wohl nur eine von ihnen auswählen und ihr den Vorrang vor den anderen geben, da er an einem anderen Platz, gegen andere Feinde und in einem anderen Moment finden mag, dass eine andere als die bevorzugte vorteilhafter ist.

(16.3) Die rautenförmige Stellung haben die Thessalier viel benutzt. Iason (Herrscher von Pherai in Thessalien; † 370 v. Chr.) war, wie man sagt, der erste, der diese Formation erfunden hat; mir aber scheint es plausibler, dass sie schon lange zuvor erfunden worden war und von ihm nur berühmt gemacht wurde.

(16.4) Sie ist ja für jede Schwenkung am besten geeignet und dafür, dass sie im Rücken und an der Flanke vor Angriffen am sichersten ist.

(16.5) An den Ecken der Raute hat er die Befehlshaber aufgestellt, und zwar an der vorderen den Schwadronanführer, an der rechten und der linken Ecke die sogenannten Flankenwächter und an der übrigen den Schwadronschließer (*ouragos*), an den Seiten der Raute aber die besten Reiter, so dass auch diese in den Schlachten großen Nutzen bringen können.

(16.6) ταῖς δὲ δὴ ἐμβολοειδέσι τάξεσι Σκύθας κεχρῆσθαι μάλιστα ἀκούομεν, καὶ Θρᾷκας, ἀπὸ Σκυθῶν μαθόντας. Φίλιππος δὲ ὁ Μακεδὼν καὶ Μακεδόνας ταύτῃ τῇ τάξει χρῆσθαι ἐπήσκησεν.
(16.7) ὠφέλιμος δὲ καὶ αὕτη δοκεῖ ἡ τάξις, ὅτι ἐν κύκλῳ οἱ ἡγεμόνες τεταγμένοι εἰσί, καὶ τὸ μέτωπον ἐς ὀξὺ ἀπολῆγον εὐπετῶς πᾶσαν τάξιν πολεμίαν διακόπτειν παρέχει, καὶ τὰς ἐπιστροφάς τε καὶ ἀναστροφὰς ὀξείας ποιεῖσθαι [*fol.* 188r] δίδωσιν.
(16.8) αἱ γὰρ τετράγωνοι τάξεις δυσπεριάγωγοί εἰσιν· ἡ δ' εἰς ὀξὺ προηγμένη, εἰ καὶ προϊοῦσα ἐς βάθος προχωρεῖ, ἀλλ' αὐτῇ γε τῇ ἀρχῇ δι' ὀλίγου ἐπιστρέφουσα τὴν πᾶσαν τάξιν εὐμαρῶς ἐξελισσομένην παρέχεται.
(16.9) ταῖς δὲ δὴ τετραγώνοις τάξεσι Πέρσαι μάλιστα ἐχρήσαντο, καὶ οἱ ἐν Σικελίᾳ βάρβαροι καὶ τῶν Ἑλλήνων οἱ πλεῖστοι καὶ ἱππικώτατοι·
(16.10) εὐσύντακτός τε γὰρ ἥδε ἡ τάξις ἄλλης μᾶλλον, ἅτε καὶ κατὰ στίχον καὶ κατὰ ζυγὸν τεταγμένων, καὶ τὰς ἐπελάσεις τε καὶ ἀπελάσεις εὐμαρεστέρας παρέχεται, καὶ μόνον τούτων πάντες οἱ ἡγεμόνες ἀθρόοι ἐμπίπτουσι τοῖς πολεμίοις.
(16.11) ἄρισται δέ εἰσιν αἱ διπλασίονα τὸν ἀριθμὸν ἐν τῷ μήκει ἤπερ ἐν τῷ βάθει ἔχουσαι· οἷον εἰ ἐπὶ δέκα κατὰ μέτωπον τεταγμένοι εἶεν καὶ ἐπὶ πέντε εἰς τὸ βάθος, ἢ ἐπὶ εἴκοσι μὲν κατὰ μέτωπον, ἐπὶ δέκα δ' ἐς βάθος.
(16.12) αἱ γὰρ τοιαῦται τάξεις τῷ μὲν ἀριθμῷ ἑτερομήκεις εἰσί, τῷ δὲ σχήματι ἐς τετράγωνον καθίστανται. τὸ γὰρ τοῦ ἵππου μῆκος ἀπὸ κεφαλῆς ἐπ' οὐρὰν ἐκπίπλησι

(16.6) Die keilförmigen Stellungen haben, wie wir hören, am meisten die Skythen benutzt, auch die Thraker, die sie von den Skythen lernten. PHILIPPOS (II., 382–336 v. Chr., König seit 359) von Makedonien hat auch die Makedonen darin trainiert, diese Stellung zu benutzen.
(16.7) Vorteilhaft scheint auch die folgende Stellung, bei der die Befehlshaber (an den Ecken) ringsum aufgestellt sind, die Stirn schmal zusammenläuft und damit bewirkt, dass die ganze feindliche Stellung leicht zu durchstoßen ist und auch Viertelschwenkungen und rasche Zurückschwenkungen (s. u. 21.3f.) durchzuführen sind.
(16.8) Die quadratischen Stellungen sind bei Richtungsänderungen kompliziert. Die zu einer Spitze vorlaufende (Rautenformation) hingegen erstreckt sich zwar weit in die Tiefe, doch ist ihr Anfang (die Spitze) kurzfristig schwenkbar und macht so die ganze Aufstellung zu einer, die leicht ein Wendemanvöver durchführen kann.
(16.9) Die quadratischen Stellungen aber haben am meisten die Perser genutzt, ebenso die Barbaren in Sizilien und von den Griechen die meisten und die mit der stärksten Reiterei.
(16.10) Gut zusammenzustellen ist nämlich diese Stellung eher als eine andere, weil die Reiter sowohl in der Reihe als auch im Glied aufgestellt sind und weil diese Stellung das Anrücken und das Abrücken leichter macht; nur bei dieser fallen alle Befehlshaber gemeinsam über die Feinde her.
(16.11) Am besten sind die, deren Zahl in der Breite doppelt so groß ist wie die in der Tiefe, wenn also etwa 10 an der Stirn aufgestellt sind und 5 in der Tiefe oder 20 an der Stirn und 10 in der Tiefe.
(16.12) Diese Stellungen sind der Zahl nach rechteckig (nämlich in Reihe und Glied unterschiedlich), werden aber der Formation nach quadratisch aufgestellt. Die Länge eines Pferdes von Kopf bis Schwanz füllt nämlich ein Qua-

τοῦ τετραγώνου ὅ τι περ ἐς βάθος τῷ ἀριθμῷ ἐνδέον· ὥστε ἤδη τινὲς καὶ τριπλασίονα τὸν ἀριθμὸν τῶν ἐν τῷ μήκει ταττομένων ἐποίησαν πρὸς τὸ βάθος, οὕτως οἰόμενοι ἐς ἀκριβὲς τετράγωνον καταστήσειν τὸ σχῆμα, ὡς τριπλάσιον τὸ μῆκος τοῦ ἵππου ὑπὲρ τὸ πλάτος τοῦ ἀνθρώπου τὸ κατὰ τοὺς ὤμους ἐπέχον, ὥστε ἐννέα κατὰ μῆκος ἐν τῷ μετώπῳ τάττοντες τρεῖς ἐν τῷ βάθει ἐπέταττον.

(16.13) ἐπεὶ οὐδ' ἐκεῖνο χρὴ ἀγνοεῖν, ὅτι οἱ ἐς βάθος ἐπιτεταγμένοι ἱππεῖς οὐ τὴν ἴσην ὠφέλειαν παρέχουσιν, ἥνπερ τὸ ἐπὶ τῶν πεζῶν βάθος· οὔτε γὰρ ἐπωθοῦσι τοὺς πρὸ σφῶν, διὰ τὸ μὴ δύνασθαι ἐπερείδειν ἵππον ἵππῳ, καθάπερ ἐκεῖ κατὰ τοὺς ὤμους καὶ τὰς πλευρὰς αἱ ἐνερείσεις γίγνονται τῶν πεζῶν,

(16.14) οὔτε συνεχεῖς γιγνόμενοι τοῖς πρὸ σφῶν τεταγμένοις ἕν τι βάρος τοῦ παντὸς πλήθους ἀποτελοῦσιν, ἀλλ' εἰ ξυνερείδοιεν καὶ πυκνοῖντο, ἐκταράσσουσι μᾶλλον τοὺς ἵππους.

(17.1) ὁ δὲ ῥόμβος ὧδε ἔχει· ὁ μὲν εἰλάρχης πρῶτος τάττεται, οἱ δ' ἐφ' ἑκάτερα αὐτοῦ ἱππῆς οὐκ ἐξ ἴσου αὐτῷ στοιχοῦσιν, ἀλλὰ ἐς τοσόνδε ὑποβεβηκότες ὡς τὰς κεφαλὰς <τῶν ἵππων> κατὰ τοὺς ὤμους μάλιστα τοῦ ἵππου τετάχθαι, ὅτῳ ὁ εἰλάρχης ἐποχεῖται.

(17.2) καὶ οὕτω τοὺς ἐφεξῆς στίχους πλατύνοντες ἔστε ἐπὶ τὸ ἥμισυ τοῦ παντός, ἐνθένδε αὖ κατὰ ταὐτὰ ἐς στενὸν ξυνάγοντες τὸν ῥόμβον ἐκπληροῦσι. τὸ δὲ ἥμισυ τοῦ ῥόμβου ἔμβολόν ἐστιν, [*fol.* 188^{v}] ὥστ' ἐν ταὐτῷ δεδήλωταί μοι καὶ τοῦ ἐμβόλου τὸ σχῆμα.

(17.3) ἑτερομήκης δ' ἐστὶν τάξις ἡ τὸ βάθος τοῦ μετώπου μεῖζον ἔχουσα ἢ τοῦ βάθους τὸ μέτωπον, ἥπερ ἀμείνων τῆς

drat nur dann, wenn in der Tiefe an der Zahl etwas fehlt; deshalb haben einige die Zahl der in die Breite Aufgestellten dreimal so groß gemacht wie die der in die Tiefe Aufgestellten, weil sie meinten, so eine quadratische Formation zu schaffen, da die Länge des Pferdes dreimal so groß wie die Breite des Menschen ist, wenn man über die Schultern misst, so dass sie 9 in der Breite an der Stirn und 3 in der Tiefe aufstellten.

(16.13) Dabei darf man auch jenes nicht vergessen, dass die in die Tiefe aufgestellten Reiter nicht den gleichen Vorteil bieten, den bei den Fußsoldaten die Tiefe erreicht (s. o. 12.10); sie stemmen sich nämlich nicht gegen die vor ihnen, da ein Pferd ein anderes nicht drücken kann, wie dies an den Schultern und Flanken beim Drücken der Fußsoldaten geschieht.

(16.14) Sie lehnen sich nicht fortwährend gegen die vor ihnen Aufgestellten als ein einziges Gewicht der ganzen Menge, sondern wenn sie drängen und drücken, verwirren sie die Pferde nur mehr.

(17.1) Die Raute entsteht so: Der Schwadronanführer wird als erster aufgestellt, die auf beiden Seiten von ihm aufgestellten Reiter stehen aber nicht mit ihm im gleichen Glied, sondern werden um so viel zurückgestellt, dass die Köpfe der Pferde auf gleicher Höhe mit den Schultern des Pferdes zu stehen kommen, auf dem der Schwadronanführer reitet.

(17.2) Und so erweitern sich nacheinander die Reihen bis um die Hälfte des Ganzen; dann wieder ziehen sie sich in derselben Weise zur Enge zusammen und machen die Raute vollständig. Die Hälfte der Raute ist der Keil, so dass in dem Vorigen schon von mir auch die Figur des Keils kundgetan ist.

(17.3) Rechteckig ist die Aufstellung, welche die Tiefe größer als die Breite hat oder die Stirn größer als die Tiefe; letz-

προτέρας εἰς τοὺς ἀγῶνας, εἰ μή που ἐκπεσεῖν διὰ πολεμίας τάξεως ἐθέλοιμεν – τότε γὰρ ἡ βαθυτάτη τε καὶ κατὰ μέτωπον στενοτάτη τάξις αὕτη ἂν εἴη ὠφελιμωτάτη –, (17.4) ἢ εἴ ποτε ἀποκρύψαι δέοι τῶν ἱππέων τὸ πλῆθος, ὡς προκαλέσασθαι τοὺς πολεμίους ἐς θάρσος ἀξύμφορον. (17.5) ἡ δ' ἐφ' ἕνα ἐπὶ μετώπου ἀβαθὴς τάξις ἐς λεηλασίας ἀνυπόπτους ἐπιτήδειος, ἢ <εἴ> που καταπατῆσαί τι ἢ ἀφανίσαι ἐθέλοιμεν· ἐς δὲ τοὺς ἀγῶνας τὸ πολὺ ἀξύμφορος.

(18.1) εἰ τοίνυν <ὁ> ἀριθμὸς εἴη τῶν ἱππέων ἐς ὅσον ὑπεθέμεθα ἀποδέων τῶν τε ὁπλιτῶν καὶ τοῦ τῶν ψιλῶν πλήθους, εἴη ἂν ἐς τετρακισχιλίους καὶ ἓξ καὶ ἐνενήκοντα ἱππέας. (18.2) εἴλην δ' ἑκάστην ἐποίουν ἐκ τοσοῦδε ἀριθμοῦ ἑξήκοντα καὶ τεσσάρων ἱππέων, καὶ εἰλάρχας τοὺς ἐφ' ἑκάστῃ εἴλῃ τεταγμένους. αἱ δὲ δύο εἶλαι ἐπιλαρχία αὐτοῖς ὠνομάζετο, καὶ ἦν ὀκτὼ καὶ εἴκοσι καὶ ἑκατὸν ἱππέων· (18.3) αἱ δὲ δύο ἐπιλαρχίαι Ταραντιναρχία, ἓξ καὶ πεντήκοντα ἱππέων ἐπὶ τοῖς διακοσίοις· αἱ δὲ δύο Ταραντιναρχίαι ἱππαρχία, δώδεκα καὶ πεντακοσίων ἱππέων, ἥντινα Ῥωμαῖοι εἴλην καλοῦσιν· (18.4) αἱ δὲ δύο ἱππαρχίαι ἐφιππαρχία, τεσσάρων καὶ εἴκοσι ἀνδρῶν καὶ χιλίων· τέλος δὲ αἱ δύο ἐφιππαρχίαι, ὀκτὼ καὶ τεσσαράκοντα καὶ δισχιλίων· τὰ δὲ δύο τέλη ἐπίταγμα ἤδη ὠνόμαζον, ἓξ καὶ ἐνενήκοντα καὶ τετρακισχιλίων.

(19.1) τὸ δὲ τῶν ἁρμάτων καὶ ἐλεφάντων τάς τε τάξεις καὶ τὰ ὀνόματα τῶν τάξεων καὶ τὰς ἡγεμονίας καὶ τὰ τούτων αὖ ὀνόματα ἐπεξιέναι ματαίου πόνου εἶναί μοι ἔδοξεν, ὅτι ἐκλελειμμένα ἐκ παλαιοῦ ἤδη λέξειν ἔμελλον.

tere ist besser als erstere bei den Schlachten, wenn wir nicht etwa die feindliche Stellung durchbrechen wollen – dann nämlich wird die tiefste und an der Stirn engste Stellung am vorteilhaftesten sein –
(17.4) oder wenn es einmal nötig ist, die Menge der Reiter zu verbergen, um die Feinde zu einer (für sie) vorteilslosen Mutprobe herauszufordern.
(17.5) Die Stellung in einer einzigen Stirn(linie) ohne Tiefe ist geeignet für unvermutete Einfälle, wenn wir irgendwo etwas vortäuschen und unsichtbar machen wollen; für die Schlachten ist sie aber in den meisten Fällen ohne Vorteil.

(18.1) Wenn wir nunmehr festlegen wollen, was die Zahl an Reitern für welche Menge an Hopliten und Leichtbewaffneten sein soll, dann wird sie wohl 4096 Reiter betragen.
(18.2) Jede Schwadron machte man aus einer gleich großen Zahl, nämlich 64 Reitern; vor diese ist in jeder Schwadron ein Schwadronanführer gestellt. Zwei Schwadronen wurden von ihnen *Epeilarchia* genannt, mit 128 Reitern,
(18.3) zwei *Epeilarchiai* eine *Tarantinarchia* mit 256 Reitern, zwei *Tarantinarchiai* eine *Hipparchia* mit 512 Reitern, welche die Römer *eile* (lateinisch *ala*) nennen;
(18.4) zwei *Hipparchiai* sind eine *Ephipparchia* mit 1024 Reitern; ein *Telos* sind zwei *Ephipparchiai* mit 2048 Reitern, zwei *Tele* ein sogenanntes *Epitagma* mit 4096 Reitern.

(19.1) Bezüglich der Wagen und Elefanten schien es mir eine vergebliche Mühe zu sein, die Stellungen und die Namen der Stellungen und die Anführer und wiederum deren Namen durchzugehen, da ich schließlich sagen müsste, dass sie schon seit langer Zeit außer Gebrauch gekommen sind.

(19.2) Ῥωμαῖοι μὲν γὰρ οὐδὲ ἐπήσκησάν ποτε τὴν ἀπὸ τῶν ἁρμάτων μάχην, οἱ βάρβαροι δὲ οἱ μὲν Εὐρωπαῖοι οὐδὲ αὐτοὶ διεχρήσαντο ἅρμασιν, πλήν γε δὴ οἱ ἐν ταῖς νήσοις ταῖς Βρεττανικαῖς καλουμέναις <τῆς> ἔξω τῆς μεγάλης θαλάσσης.
(19.3) οὗτοι γὰρ συνωρίσιν τὸ πολὺ ἐχρῶντο ἵππων καὶ σμικρῶν καὶ πονηρῶν, οἱ δίφροι δὲ αὐτοῖς ἐπιτήδειοί εἰσιν ἐς τὸ ἐλαύνεσθαι κατὰ χωρίων παντοίων καὶ τὰ ἱππάρια ἐς τὸ ταλαιπωρεῖσθαι.
(19.4) τῶν δὲ Ἀσιανῶν πάλαι μὲν Πέρσαι ἐπήσκησαν τὴν [*fol.* 189^{r}] τῶν δρεπανηφόρων τε ἁρμάτων καὶ καταφράκτων ἵππων διφρείαν, ἀπὸ Κύρου ἀρξάμενοι,
(19.5) ἔτι δὲ πρὸ τούτων οἱ σὺν Ἀγαμέμνονι Ἕλληνες καὶ οἱ σὺν Πριάμῳ Τρῶες τὴν τῶν ἀφράκτων. καὶ Κυρηναῖοι δ᾿ ἐπὶ πολὺ ἀπὸ ἁρμάτων ἐμάχοντο.
(19.6) ἀλλὰ ξύμπαντα ταῦτα τὰ ἀσκήματα ἐκλέλειπται, καὶ ἡ τῶν ἐλεφάντων δὲ χρεία ἐς τοὺς πολέμους ὅτι μὴ παρ᾿ Ἰνδοῖς τυχὸν ἢ τοῖς ἄνω Αἰθίοψιν καὶ αὕτη ἐκλέλειπται.

(20.1) νυνὶ δὲ τὰ ὀνόματα ἐπέξιμεν τῶν κινήσεων κατ᾿ ἰδέαν ἄλλου καὶ ἄλλου στρατοπέδου, καὶ τὸν νοῦν ἑκάστου τοῦ ὀνόματος.
(20.2) καλεῖται δὲ τὸ μέν τι κλίσις, καὶ ταύτης ἰδέαι διτταί, ἣ μὲν ἐπὶ δόρυ, ἣ δ᾿ ἐπ᾿ ἀσπίδα· τὸ δὲ μεταβολή, τὸ δέ τι ἐπιστροφή, καὶ ἀναστροφὴ ἄλλο. καὶ περισπασμὸς δέ τι ὠνομάζετο, καὶ ἐκπερισπασμὸς ἄλλο, καὶ στοιχεῖν καὶ ζυγεῖν, καὶ ἐς ὀρθὸν ἀποδοῦναι <καὶ ἐξελίσσειν> καὶ διπλασιάζειν.

(19.2) Die Römer nämlich übten sich niemals in der Schlacht von Wagen aus; auch die Barbaren, jedenfalls die europäischen, nutzten nie Wagen, bis auf die auf den sogenannten britannischen Inseln außerhalb des großen Meeres.
(19.3) Diese nämlich benutzten meistens ein Zweigespann aus kleinen und unansehnlichen Pferden; die Karren bei ihnen sind dafür geeignet, zu verschiedenartigen Plätzen zu fahren, die Pferdchen dafür, Anstrengungen zu ertragen.
(19.4) Von den asiatischen Barbaren übten sich einst die Perser im Fahren mit Sichelwagen und im Einsatz von gepanzerten Pferden, beginnend mit Kyros (II. d. Gr., um 585 – 530 v. Chr., König des Perserreichs seit 559 v. Chr.),
(19.5) ja, noch vor ihnen kämpften (im Krieg um Troia) die Griechen mit Agamemnon und die Troër mit Priamos auf Wagen ohne gepanzerte Pferde. Auch die Kyrenaier kämpften meistens von Wagen aus.
(19.6) All das aber ist aus der Übung gekommen; auch der Einsatz von Elefanten gegen die Feinde hat – außer wohl bei den Indern und bei den oberen Aithiopen – aufgehört.

(20.1) Jetzt aber wollen wir die Namen der Bewegungen nach ihrer Art Heer für Heer und die Bedeutung jedes Namens durchgehen.
(20.2) Genannt wird zum einen die Drehung (*klisis*), und zwar gibt es von ihr zwei Arten, die zum Speer und die zum Schild; (genannt werden) auch die Kehrtwendung (*metabole*), Viertelschwenkung (*epistrophe*) und Zurückschwenkung (*anastrophe*). Auch benannt werden die Halbschwenkung (*perispasmos*), Dreiviertelschwenkung (*ekperispasmos*), dann das Reihenbilden (*stoichein*) und das Gliedbilden (*zygein*), das »wieder geradeaus Drehen« (*es orthon apodounai*), das »Wendemanöver durchführen« (*exelissein*) und das Verdoppeln (*diplasiazein*).

(20.3) λέγεται δέ τις καὶ ἐπαγωγή, καὶ δεξιὰ [καὶ] παραγωγὴ καὶ ἄλλη εὐώνυμος παραγωγή, καὶ πλαγία δὲ φάλαγξ ἐστί τις, καὶ ὀρθία φάλαγξ ἄλλη, καὶ λοξὴ φάλαγξ, καὶ παρεμβολή, ἔτι μὴν πρόσταξις <καὶ ἔνταξις> καὶ ὑπόταξις.

(21.1) κλίσις μὲν δή ἐστιν ἡ κατ᾽ ἄνδρα κίνησις, καὶ τῆς κλίσεως ἐπὶ δόρυ μὲν καλεῖται ἡ ἐπὶ <τὰ> δεξιά, ἵναπερ τὸ δόρυ ἐστὶ τῷ ὁπλίτῃ, ἐπ᾽ ἀσπίδα δὲ ἡ ἐπὶ τὰ λαιά, ἵνα φέρει τὴν ἀσπίδα.
(21.2) καὶ εἰ μὲν ἁπλῆ <ἡ> κλίσις, ἐς τὰ πλάγια μόνον παράγει τὴν τάξιν· εἰ δὲ διπλῆ γένοιτο, ἀποστρέφει τὴν ὄψιν ἐς τὸ κατόπιν τοῦ ὁπλίτου· τουτὶ δὲ ἤδη [ἡ] μεταβολὴ καλεῖται.
(21.3) ἐπιστροφὴ δέ ἐστιν, ἐπειδὰν τὸ πᾶν σύνταγμα πυκνώσαντες κατὰ παραστάτην καὶ ἐπιστάτην καθάπερ ἑνὸς ἀνδρὸς σῶμα ἐπὶ δόρυ ἢ ἐπ᾽ ἀσπίδα ἐγκλίνωμεν, καθάπερ ἐπὶ κέντρῳ τῷ <πρώτῳ> λοχαγῷ παντὸς τοῦ τάγματος περιελιχθέντος, καὶ μεταλαβόντος τόπον μὲν τὸν ἔμπροσθεν, ἐπιφάνειαν δὲ τὴν ἐκ δεξιῶν <ἢ εὐωνύμων>, διαμενόντων ἑκάστῳ τῶν τε ἐπιστατῶν καὶ παραστατῶν.
(21.4) ἀναστροφὴ δέ ἐστιν ἡ ἀποκατάστασις τῆς ἐπιστροφῆς ἐς τὴν προτέραν χώραν. περισπασμὸς δὲ καλεῖται ἡ ἐκ δυοῖν ἐπιστροφῶν τοῦ τάγματος κίνησις, ὡς μεταλαβεῖν τὸν ὀπίσω τόπον·
(21.5) ἐκπερισπασμὸς δὲ ἡ ἐκ τριῶν ἐπιστροφῶν συνεχῶν τοῦ παντὸς κίνησις, ὥστε μεταλαμβάνειν, εἰ μὲν ἐπὶ δόρυ

(20.3) Genannt werden auch Marsch hintereinander (*epagoge*), Marsch nebeneinander (mit Anführer) rechts (*dexia paragoge*) und Marsch nebeneinander (mit Anführer) links (*euonymos paragoge*); ferner Querphalanx (*plagia*), Längsphalanx (*orthia*), Schrägphalanx (*loxe*), Einschub (*parembole*), dann auch Dazustellung (*prostaxis*), Hineinstellung (*entaxis*) und Rückenstellung (*hypotaxis*).

(21.1) Drehung also ist die Bewegung Mann für Mann, und von der Drehung wird als »zum Speer« die nach rechts bezeichnet, wo nämlich für den Hopliten der Speer ist, »zum Schild« die nach links, wo er den Schild trägt.
(21.2) Wenn die Drehung einfach ist, wendet sie die Stellung nur zur Seite; wenn sie doppelt geschieht, kehrt sie die Blickrichtung des Hopliten nach hinten um. Etwas von dieser Art nennt man Kehrtwendung.
(21.3) Eine Viertelschwenkung ist es, wenn wir die ganze Einheit nach Verdichtung nach *Parastates* und *Epistates* (in Glied und Reihe; s. o. 7.1) wie den Körper eines einzigen Mannes (also nicht jeden für sich) entweder zum Speer oder zum Schild drehen, also wenn die ganze Gruppe um den ersten Reihenführer als Fixpunkt geschwenkt wird und den vor ihr liegenden Platz übernimmt, aber die Außenseite entweder nach rechts oder nach links hat, wobei für jeden sein *Epistates* und *Parastates* (gleich) bleiben.
(21.4) Eine Zurückschwenkung ist eine Zurückplatzierung der Viertelschwenkung zu dem vorherigen Platz. Als Halbschwenkung wird die Drehung der Einheit durch zwei Viertelschwenkungen benannt, so dass sie den (Blick auf den) Platz hinten übernimmt.
(21.5) Eine Dreiviertelschwenkung ist die Drehung durch drei aufeinanderfolgende Viertelschwenkungen des Gan-

γίγνοιτο, τὴν ἐξ ἀριστερῶν ἐπιφάνειαν, εἰ δὲ ἐπ' ἀσπίδα, τὴν ἐκ δεξιῶν.

(22.1) στοιχεῖν δὲ λέγεται τὸ ἐπὶ εὐθείας εἶναι τῷ λοχαγῷ καὶ τῷ οὐραγῷ, σῴζοντα τὰ ἴδια διαστήματα· ζυγεῖν δὲ τὸ ἐπ' εὐθείας εἶναι κατὰ μῆκος ἕκαστον τῶν ἐν τῷ λόχῳ τῷ ζυ[*fol.* 189[v]]γοῦντι.
(22.2) συζυγοῦσι δὲ τῷ μὲν λοχαγῷ οἱ λοχαγοὶ πάντες, τῷ δὲ τούτου ἐπιστάτῃ οἱ τῶν ἄλλων λοχαγῶν ἐπιστάται, καὶ ἐφεξῆς ὡσαύτως.
(22.3) καὶ μὴν ἐς ὀρθὸν ἀποδοῦναι λέγεται τὸ εἰς τὴν καθεστῶσαν ἐξ ἀρχῆς ἐπιφάνειαν ἀποκαταστῆσαι τοὺς ὁπλίτας τὴν ὄψιν, οἷον εἴ τις ἐπὶ τοὺς πολεμίους τετραμμένος κελευσθείη ἐπὶ δόρυ κλῖναι, ἔπειτα αὖ παραγγελθείη αὐτῷ ἐς ὀρθὸν ἀποκαταστῆσαι, δεήσει πάλιν αὐτὸν ἐπὶ τοὺς πολεμίους τετράφθαι.

(23.1) ἐξελιγμῶν δὲ διτταὶ ἰδέαι, ἣ μὲν κατὰ λόχους, ἣ δὲ κατὰ ζυγά. τούτων δὲ αὖ ἑκατέρα τριχῆ νενέμηται. ὃ μὲν γάρ τις ἐξελιγμὸς Μακεδών, ὃ δὲ Λάκων, ὃ δὲ Κρητικὸς ὀνομάζεται· τὸν αὐτὸν δὲ τοῦτον καλούμενον εὑρίσκω καὶ Περσικὸν καὶ χόριον.
(23.2) Μακεδὼν μὲν οὖν ἐστιν ὁ μεταλαμβάνων τῆς φάλαγγος τὸν ἔμπροσθεν τόπον, ἀντὶ δὲ τῆς κατὰ πρόσωπον ἐπιφανείας τὴν κατόπιν·
(23.3) Λάκων δὲ ὁ μεταλαμβάνων τῆς φάλαγγος τὸν ὀπίσω τόπον, καὶ ὡσαύτως ἀντὶ τῆς ἔμπροσθεν ἐπιφανείας τὴν κατόπιν.

zen, so dass sie, wenn sie zum Speer geschieht, die Außenseite nach links hat, wenn zum Schild, nach rechts.

(22.1) Reihenbilden wird das Stehen in gerader Linie zwischen Reihenführer und Reihenschließer genannt, wobei die gleichen Abstände bewahrt werden, Gliedbilden das Stehen in gerader Linie jeweils mit dem Nebenmann in der Reihe daneben.
(22.2) Im Glied mit dem Reihenführer stehen alle Reihenführer, mit dessen *Epistates* (s. o. 6.4) die *Epistatai* der anderen Reihenführer und so weiter ebenso.
(22.3) »Wieder geradeaus Drehen« wird das Rückplatzieren der Blickrichtung der Hopliten zur anfänglichen Außenseite genannt. Wenn etwa zunächst zwecks Ausrichtung gegen die Feinde befohlen worden war, sich zum Speer zu drehen, und dann befohlen wird, sich wieder geradeaus zurückzuplatzieren, muss er sich nötigenfalls erneut gegen die Feinde wenden.

(23.1) Von Wendemanövern gibt es zwei Gattungen, die eine nach Reihen, die andere nach Gliedern. Jede von diesen ist in drei Arten eingeteilt: Die eine heißt makedonisches (Wendemanöver), die andere lakonisches und die dritte kretisches; ich finde das letztere auch als persisches oder chorisches (das für einen *choros*, Chor oder Tanzgruppe, typische Wendemanöver) benannt.
(23.2) Ein makedonisches ist nun das, bei dem die Phalanx den Platz vor sich übernimmt und statt der Außenseite nach vorne die nach hinten.
(23.3) Ein lakonisches ist das, bei dem die Phalanx den Platz hinter sich übernimmt und ebenso statt der Außenseite nach vorne die nach hinten.

(23.4) ὁ δὲ Κρητικός τε καὶ Περσικὸς ὀνομαζόμενος τὸν αὐτὸν μὲν ἐπέχειν ποιεῖ τόπον τῆς φάλαγγος τὸ πᾶν σύνταγμα, τῶν δ᾽ ἐν τῷ μέρει ὁπλιτῶν ἕκαστον ἀνθ᾽ οὗ πρότερον ἐπεῖχεν τόπου ἕτερον μεταλαμβάνειν, τὸν μὲν λοχαγὸν τὸν τοῦ οὐραγοῦ, τὸν δὲ οὐραγὸν τὸν τοῦ λοχαγοῦ, καὶ ἀντὶ τῆς κατὰ πρόσωπον ἐπιφανείας τὴν κατόπιν.

(23.5) οἱ δὲ δὴ κατὰ ζυγὰ ἐξελιγμοὶ γίγνονται ἐπειδὰν ἀπὸ τῶν ἀποτομῶν βουληθῇ τις τὰ κέρατα καθιστάναι, τὰς δὲ ἀποτομὰς ἐπὶ τῶν κεράτων, καὶ τὸ μέσον τῆς πάσης φάλαγγος ἀποτελέσαι καρτερόν· ὡσαύτως δὲ καὶ τὰ δεξιὰ ἐν τοῖς εὐωνύμοις καθίστησι, καὶ τὰ εὐώνυμα ἐν τοῖς δεξιοῖς.

(23.6) εἰ δὲ μὴ παρέχοι κατὰ μείζονα μέρη τῆς φάλαγγος ἐξελιγμοὺς ποιήσασθαι, πελαζόντων ἤδη τῶν πολεμίων, δέοι δὲ ἐξελίξαι τὴν τάξιν, τότε δὴ κατὰ συντάγματα ἐξελίττουσι.

(24.1) καὶ ὁ μὲν κατὰ στίχους ἐξελιγμὸς Μακεδὼν αὖ καλεῖται, ἐπειδὰν ὁ λοχαγὸς μὲν μεταβάληται, οἱ δὲ ὀπίσω ἐκ δόρατος παραπορευόμενοι ἐφεξῆς ἀλλήλων ἱστῶνται.

(24.2) Λάκων δ᾽ ἐξελιγμὸς ὀνομάζεται, ἐπειδὰν ὁ λοχαγὸς μεταβαλλόμενος ἐκ δόρατος ὅλον τὸν λόχον μεταλλάξῃ ἐς ἄλλον ἴσον τῷ πρόσθεν τόπον, οἱ δὲ λοιποὶ ἑπόμενοι ἐφεξῆς αὐτῷ τάττωνται· <ἢ> ὁπόταν ὁ μὲν οὐραγὸς μεταβάλληται, ὁ δὲ ὀπίσω αὐτοῦ τεταγμένος ἐκ δόρατος τοῦ οὐραγοῦ παραπορευόμενος [*fol.* 190^{r}/190^{v} *vacant*, *fol.* 191^{r}]

(23.4) Das als kretisches oder persisches benannte ist das, welches bewirkt, dass die ganze Einheit denselben Platz der Phalanx beibehält, wobei die Hopliten jeweils im *Meros* (von 2048 Mann; s. o. 10.5) statt der Plätze, die sie vorher hatten, andere übernehmen: Der Reihenführer (übernimmt) den Platz des Reihenschließers, der Reihenschließer den des Reihenführers, statt der Außenseite nach vorne (hat man so) die nach hinten.
(23.5) Die Wendemanöver nach Gliedern werden gemacht, wenn jemand aus den (inneren) *Apotomai* (Abschnitten; s. o. 2.10) (Soldaten) an die (kampfstarken äußeren) Hörner (s. o. 8.3) und die Hörner anstelle der (inneren) *Apotomai* platzieren und so die Mitte stärken will, und ebenso, wenn er die rechten anstelle der linken platziert und die linken anstelle der rechten.
(23.6) Wenn es aber nicht gegeben ist, in größeren *Mere* (von 2048 Mann; s. o. 10.5) der Phalanx die Wendemanöver durchzuführen, weil die Feinde schon nahe sind, wird man jede *Taxis* (von 128 Mann) ein Wendemanöver machen lassen und sie dann in den *Syntagmata* (von 256 Mann) wenden.

(24.1) Das Wendemanöver nach der Reihe, das als makedonisches bezeichnet wird, geschieht, wenn der Reihenführer kehrtmacht und die (bisher) hinter ihm (Stehenden) auf der Speerseite an ihm vorbeimarschieren und sich (nach Kehrtwendung) hintereinander stellen.
(24.2) Ein lakonisches Wendemanöver nennt man es, wenn der Reihenführer kehrtmacht und auf der Speerseite an der ganzen Reihe entlang läuft und einen anderen – seinem bisherigen gleichen – Platz einnimmt und wenn die übrigen nacheinander folgen und sich hinter ihm aufstellen, oder wenn der Reihenschließer kehrtmacht und der Mann, der hinter ihm stand, auf der Speerseite des Reihenschließers vor-

ἔμπροσθεν αὐτοῦ τάττηται, καὶ οἱ λοιποὶ ὡσαύτως ἄλλος πρὸς ἄλλου ἐπιταχθεὶς τὸν λοχαγὸν αὖ πρωτοστάτην ποιήσωνται.

(24.3) χόριος δ' ἐξελιγμὸς γίγνεται, ἐπειδὰν ὁ λοχαγὸς μεταβαλλόμενος ἐπὶ δόρυ προΐῃ ἐπὶ τοῦ λόχου, ἔστ' ἂν κατάσχῃ τὸν τοῦ οὐραγοῦ τόπον, ὁ δὲ οὐραγὸς τὸν τοῦ λοχαγοῦ.

(24.4) οὗτοι μὲν οὖν κατὰ λόχους γίγνονται· ὡσαύτως δὲ καὶ οἱ κατὰ ζυγὰ συντελούμενοι, οὐ χαλεποὶ γνωσθῆναι.

(25.1) διπλασιασμῶν δὲ διττὰ γένη τυγχάνει ὄντα, ἤτοι κατὰ ζυγὰ ἢ κατὰ βάθος. καὶ τούτων ἕκαστον ἢ τῷ ἀριθμῷ διπλασιάζεται ἢ τῷ τόπῳ.

(25.2) ἀριθμῷ μέν, εἰ ἀντὶ χιλίων εἴκοσι τεσσάρων τὸ μῆκος δισχιλίων τεσσαράκοντα ὀκτὼ ποιήσαιμεν, τὸν τόπον τὸν αὐτὸν ἐπεχούσης τῆς πάσης φάλαγγος.

(25.3) γίγνεται δὲ τοῦτο, παρεμβαλλόντων ἐς τὰ μεταξὺ τῶν ὁπλιτῶν τοὺς ἐν τῷ βάθει ἐπιστάτας. καὶ οὕτω πυκνοῦται ἡμῖν τὸ μέτωπον τῆς φάλαγγος.

(25.4) ἀποκαταστῆσαι δὲ ἐπειδὰν βουληθῶμεν, παραγγελοῦμεν ὧδε· »ὁ ἐς τὸ μῆκος ἐντεταγμένος, ἐπάνιθι ἐς τάξιν.«

(25.5) εἰ δὲ καὶ τῷ τόπῳ διπλασιάσαι ἐθέλοιμεν τὸ μῆκος, ὡς ἀντὶ σταδίων πέντε ἐς δέκα ἐκτεῖναι τὴν τάξιν, τοὺς ἐκ τοῦ βάθους παρεμβληθέντας ἐς τὸ κατὰ μῆκος μέσον τῶν ὁπλιτῶν διάστημα <τοὺς μὲν ἡμίσεας> ἐπὶ τὰ δεξιὰ κελεύσομεν ἐξελίσσεσθαι, τοὺς δὲ λοιποὺς [καὶ] ἡμίσεας αὐτῶν ἐπὶ τὰ εὐώνυμα, ἀπὸ τῶν πρὸς τοῖς κέρασι δευτέρων λόχων ἀρχόμενοι, καὶ οὕτω διπλάσιον ἐφέξει χωρίον ἡ πᾶσα τάξις.

beimarschiert, um sich vor dem Reihenschließer aufzustellen, und die übrigen ebenso folgen, um sich einer vor dem anderen aufzustellen, bis der Reihenführer wieder als erster steht. (24.3) Ein chorisches Wendemanöver geschieht, wenn der Reihenführer kehrtmacht, auf der Speerseite der Reihe vorrückt, bis er den (bisherigen) Platz des Reihenschließers einnimmt und der Reihenschließer den des Reihenführers. (24.4) Diese (Wendemanöver) also geschehen nach Reihen. Dass auf dieselbe Weise auch die nach Gliedern durchgeführt werden, ist nicht schwer zu erkennen.

(25.1) Von Verdoppelungen gibt es zwei Gattungen, nach den Gliedern (also nach der Breite) oder nach der Tiefe, und davon wird entweder nach der Zahl oder nach dem Platz verdoppelt: (25.2) nach der Zahl (und der Breite), wenn wir statt 1024 Reihen (eine Stirn von) 2048 machen wollen, wobei die ganze Phalanx denselben Platz wie zuvor innehat.
(25.3) Dies geschieht, wenn in die Abstände zwischen den Soldaten (eines Gliedes) die *Epistatai* aus der Tiefe (die bisher hinter ihnen standen) eingefügt werden. Und so wird für uns die Stirn der Phalanx verdichtet.
(25.4) Wenn wir sie zurückplatzieren wollen, geben wir folgenden Befehl: »Der in die Breite Eingefügte soll in die Stellung zurückkehren.«
(25.5) Wenn wir nach dem Platz die Breite verdoppeln wollen, also etwa die Stellung von 5 *Stadia* (s. o. S. 20) auf 10 ausdehnen wollen, werden wir denen, die (sonst) aus der Tiefe mitten in die Abstände der Hopliten in der Breite eingefügt werden, zur Hälfte ein Wendemanöver nach rechts zu machen befehlen, zur anderen Hälfte eines nach links, beginnend mit den jeweils zweiten Reihen an den Hörnern (und sie neben die vorhandenen Hopliten stellen); so wird nacheinander die ganze Stellung den Platz verdoppeln.

(25.6) ἀποκαταστῆσαι δὲ ἐπειδὰν βουληθῶμεν, <κελεύσομεν> αὖ ἐξελίσσειν τοὺς κατὰ <τὰ> κέρατα τεταγμένους <ἐς οὕσ>τινας πρότερον εἶχον τόπους.

(25.7) οὐ πάνυ δὲ ὠφέλιμοι οἱ διπλασιασμοὶ ἐγγὺς ὄντων πολεμίων, ὅτι ταραχῆς τε τοῦ ἡμετέρου στρατεύματος δόξαν παρέξουσιν ἐκείνοις, καὶ αὐτὸ τὸ στράτευμα ἐν τῇ μετακινήσει ἀσθενέστερον ἅμα καὶ ἀτακτότερον καθιστᾶσιν.

(25.8) ἀλλὰ τοὺς ψιλοὺς ἐπεκτείνειν ἄμεινον καὶ τοὺς ἱππέας, ὡς τὴν ἐκ τοῦ διπλασιασμοῦ ἔκπληξιν ἄνευ κινήσεως τῆς πεζικῆς φάλαγγος τοῖς πολεμίοις ἐμποιῆσαι.

(25.9) γίνεται δὲ τὸ διπλασιάζειν ἀναγκαῖον, ἢ ὑπερφαλαγγῆσαι ἡμῶν θελησάντων ὑπὲρ τὸ τῶν πολεμίων κέρας, ἢ κωλῦσαι ὑπερφαλαγγῆσαι ἐκείνους.

(25.10) τὸ βάθος δὲ διπλασιάζεται, εἰ ὁ δεύτερος λόχος τῷ πρώτῳ ἐπιταχθείη, ὥστε τὸν τοῦ δευτέρου λόχου λοχαγὸν ἐπιστάτην τοῦ πρώτου λοχαγοῦ γενέσθαι, τὸν δ' ἐπιστάτην τὸν πρῶτον τοῦ μὲν ἐκείνου [*fol.* 191[v]] ἐπιστάτου ἐπιστάτην γενέσθαι·

(25.11) οὕτως γὰρ ὁ μὲν πρόσθεν πρῶτος ὢν τοῦ δευτέρου λόχου δεύτερός ἐστι τοῦ πρώτου λόχου, ὁ δὲ δεύτερος ἐν τῷ δευτέρῳ τέταρτος τοῦ πρώτου, καὶ ὡσαύτως ἐφεξῆς, ἔστ' ἂν ἅπας ὁ δεύτερος λόχος κατὰ τὸν πρῶτον ἐπ' εὐθείας ἐναλλὰξ ἐνταχθῇ ἐς βάθος. οὕτω γάρ τοι καὶ ὁ τέταρτος λόχος τὸν τρίτον βαθυνεῖ, συνταχθεὶς αὐτῷ, καὶ ἁπλῶς οἱ ἄρτιοι εἰς τοὺς περιττοὺς ἐνταχθήσονται.

(25.12) οὐ χαλεπὸν δὲ γνῶναι, ὅπως καὶ αὐτοῦ τοῦ κατὰ βάθος χωρίου διπλασιασμὸς ἔσται, καὶ ἡ ἀπὸ τοῦδε ἀποκατάστασις.

(25.6) Wenn wir sie an ihre vorherigen Stellungen zurückplatzieren wollen, werden wir befehlen, dass die an den Hörnern Platzierten wieder ein Wendemanöver zu den Plätzen durchführen, die sie vorher innehatten.
(25.7) Nicht sehr vorteilhaft sind die Verdoppelungen, wenn die Feinde nahe sind, da wir jenen den Eindruck von Unruhe unseres Heeres vermitteln und auch tatsächlich das Heer selbst bei den Manövern schwächer und weniger geordnet aufgestellt ist.
(25.8) Die Leichtbewaffneten auszudehnen ist besser, ebenso die Reiter, damit ohne Bewegung der Fußsoldaten-Phalanx mit der Verdoppelung ein Schrecken für die Feinde bereitet werden kann.
(25.9) Nötig ist das Verdoppeln, wenn wir über das Horn (s. o. 8.3) der Feinde hinaus die Phalanx ausdehnen oder aber verhindern wollen, dass jene ihre Phalanx über uns hinaus ausdehnen.
(25.10) Die Tiefe wird verdoppelt, wenn jede zweite Reihe in die erste eingefügt wird, so dass der Reihenführer der zweiten Reihe zum *Epistates* (s. o. 6.4) des Reihenführers der ersten Reihe und der *Epistates* der ersten Reihe zum *Epistates* dieses *Epistates* wird.
(25.11) So wird derjenige, der zuvor der erste (Mann) der zweiten Reihe war, nun der zweite der ersten Reihe sein, der (zuvor) zweite der zweiten Reihe nun der vierte der ersten Reihe und so weiter, bis die gesamte zweite Reihe in die erste in gerader Richtung abwechselnd in der Tiefe eingefügt ist. So wird auch die vierte Reihe die dritte tiefer machen, wenn sie eingefügt wird, und alle geradzahligen Reihen werden in die ungeradzahligen eingefügt.
(25.12) Nicht schwer zu erkennen ist, wie auch die Verdoppelung des Platzes nach der Tiefe geschieht und auch die Zurückplatzierung davon.

(26.1) καὶ μὴν πλαγία μὲ φάλαγξ ἐστὶν ἡ τὸ μῆκος τοῦ βάθους πολλαπλάσιον ἔχουσα, ὀρθία δέ, ὅταν ἐπὶ κέρως πορεύηται· οὕτω δὲ αὖ τὸ βάθος τοῦ μήκους πολλαπλάσιον παρέχεται.

(26.2) ὅλως τε παράμηκες μὲν τάγμα ὀνομάζεται ὅ τι περ ἂν τὸ μῆκος ἔχῃ ἐπὶ πλεῖον τοῦ βάθους, ὄρθιον δὲ ὅ τι περ ἂν τὸ βάθος τοῦ μήκους.

(26.3) λοξὴ δὲ ὀνομάζεται φάλαγξ ἡ τὸ μὲν ἕτερον κέρας, ὁπότερον ἂν ὁ στρατηγὸς βούληται, τοῖς πολεμίοις πελάζον ἔχουσα καὶ αὐτῷ μόνῳ ἀγωνιζομένη, τὸ ἕτερον δὲ δι' ὑποστολῆς σῴζουσα.

(26.4) παρεμβολὴν δὲ ὀνομάζουσιν, ἐπειδὰν προτεταγμένων τινῶν κατὰ διαστήματα ἐκ τῶν ἐπιτεταγμένων ἐγκαθιστῶνται αὐτοῖς ἄλλοι ἐπ' εὐθείας, ὡς ἀναπληρῶσαι τὸ πρόσθεν ἀπολειπόμενον κενὸν τῆς φάλαγγος·

(26.5) πρόσταξιν δέ, ὅταν ἢ ἐξ ἑκατέρων τῶν μερῶν τῆς τάξεως ἢ ἐκ θατέρου κατὰ τὸ κέρας αὐτὸ προστεθῇ τι στῖφος τῇ πάσῃ φάλαγγι κατ' εὐθὺ τοῦ μετώπου τῆς τάξεως.

(26.6) ἔνταξιν δὲ ὀνομάζουσιν, ἐπειδὰν τοὺς ψιλοὺς ἐς τὰ διαστήματα τῶν πεζῶν ἐντάξωσιν, ἄνδρα παρ' ἄνδρα ἱστάντες·

(26.7) ὑπόταξιν δέ, ἐπειδὰν τοὺς ψιλοὺς ὑπὸ τὰ πέρατα τῆς φάλαγγος ὑποτάξῃ τις ὡς ἐς ἐπικάμπιον.

(27.1) χρὴ δὲ τὰ παραγγέλματα ἐθίζειν τὴν στρατιὰν ὀξέως δέχεσθαι, τὰ μὲν φωνῇ, τὰ δὲ ὁρατοῖς σημείοις, τὰ δὲ τῇ σάλπιγγι.

(27.2) καὶ σαφέστερα μὲν τυγχάνει ὄντα τὰ λέξει δηλούμενα, ὅτι καὶ παντὸς τοῦ νοῦ ἡ δήλωσις οὕτω

(26.1) Eine Querphalanx (*plagia*) ist eine, deren Breite ein Vielfaches ihrer Tiefe hat, eine Längsphalanx (*orthia*) eine, wenn sie sich am Horn entlang erstreckt; so umfasst die Tiefe ein Vielfaches ihrer Breite.
(26.2) Im Allgemeinen wird als breit (*paramekes*) jede Einheit bezeichnet, die eine Breite hat, die größer als ihre Tiefe ist, als länglich (*orthios*) aber jede, die eine Tiefe hat, die größer als ihre Breite ist.
(26.3) Als Schrägphalanx (*loxe*) wird die bezeichnet, die das eine Horn (s. o. 8.3) – welches auch immer der Feldherr will – nahe an den Feinden hält und in ihm allein den Kampf besteht, das andere aber in Reserve hat.
(26.4) Einen Einschub nennt man, wenn in die Abstände zwischen bestimmten Voranstehenden bestimmte von den in gerader Linie dahinter Stehenden platziert werden, um den zuvor leer belassenen Platz der Phalanx zu füllen;
(26.5) eine Dazustellung, wenn aus beiden Teilen der Stellung oder aus einem am Horn zu derselben Außenseite der ganzen Phalanx eine Reihe in gerader Richtung zur Stirn der Stellung hinzugefügt wird.
(26.6) Eine Hineinstellung nennt man, wenn man die Leichtbewaffneten in die Abstände der Phalanx hineinstellt, wobei sie Mann für Mann stehen;
(26.7) eine Rückenstellung, wenn jemand die Leichtbewaffneten hinter die Enden der Phalanx stellt wie zu einer abgewinkelten Form.

(27.1) Man muss das Heer daran gewöhnen, die Befehle rasch aufzunehmen, (und zwar) die einen mit der Stimme und die anderen mit sichtbaren Zeichen, weitere mit der Trompete.
(27.2) Deutlicher sind gewöhnlich die mit der Sprache übermittelten Signale, weil so die Kundgabe des gesamten

γίγνεται, οὐχὶ δὲ σύμβολόν τι αὐτοῦ μόνον ὁρᾶται ἢ ἀκούεται.

(27.3) ἀλλ' ἐπειδὴ πολλὰ τὰ ἐξείργοντά ἐστιν ἐν ταῖς μάχαις πρὸς τὰς διὰ φωνῆς δηλώσεις, ὁ κτύπος τε ὁ ἐκ τῶν ὅπλων καὶ αἱ παρακελεύσεις ἀλλήλοις καὶ οἰμωγαὶ τιτρωσκομένων καὶ παριππασία δυ[*fol.* 192r]νάμεως ἱππικῆς [ψόφος τε τῶν ὅπλων] καὶ χρεμετισμὸς τῶν ἵππων καὶ <θόρυβος> σκευοφόρων παριόντων, προσεθιστέον τὴν στρατιὰν καὶ τοῖς ὁρατοῖς σημείοις.

(27.4) οὐ μὴν ἀλλὰ καὶ πρὸς ταῦτα ἤδη ἄπορα ἔστιν ἃ γίγνεται, οἷον ὁμίχλη ἢ κονιορτὸς πολὺς ἄνω αἰρόμενος ἢ ἥλιος κατὰ προσώπου ἀντιλάμπων ἢ νιφετὸς ξυνεχὴς ἢ ὕδωρ λάβρον ἐξ οὐρανοῦ ἢ τόποι σύνδενδροι ἢ γήλοφοι ἀνεστηκότες, ὡς μὴ πάσῃ τῇ φάλαγγι ὁρατὰ γίγνεσθαι τὰ σημεῖα.

(27.5) ὁπότε μὲν δὴ γήλοφοι διακλείοιεν τὴν ὄψιν, πλείω τὰ ὁρατὰ σημεῖα ποιητέον· πρὸς δὲ τὰ ἐκ τοῦ ἀέρος ἐμπόδια ἡ σάλπιγξ ἀγαθὸν [ὠφέλιμος].

(28.1) ὑπὲρ δὲ τῶν πορειῶν, ὅσας ποιεῖται τὰ στρατόπεδα, ἐκεῖνο χρὴ ἐνθυμεῖσθαι, ὅτι ἣ μέν τις ἐπαγωγὴ ἐν ταῖς πορείαις ἣ δὲ παραγωγὴ καλεῖται.

(28.2) καὶ ἐπαγωγὴ μέν ἐστιν, ἐπειδὰν τάγμα τάγματι ἐπ' εὐθὺ ἕπηται, οἷον ἡγουμένης τετραρχίας αἱ λοιπαὶ τετραρχίαι ταύτῃ ἐπιτεταγμέναι πορεύωνται, ἢ αὖ ξεναγίας ἡγουμένης αἱ λοιπαὶ ξεναγίαι ἕπωνται, ἑνί τε λόγῳ, ἐπειδὰν τοῦ προηγουμένου τάγματος τοῖς οὐραγοῖς οἱ τοῦ ἐφεξῆς τάγματος ἡγεμόνες συνάπτωσιν.

(28.3) παραγωγὴ δ' ἐστίν, ἐπειδὰν ἡ φάλαγξ πᾶσα πορεύηται τοὺς ἡγεμόνας ἤτοι ἐκ τῶν εὐωνύμων ἢ ἐκ τῶν

Sinnes geschieht und nicht nur ein Symbol dafür gesehen oder gehört wird.
(27.3) Da es aber viele Hindernisse in den Schlachten für die Kundgaben mit der Stimme gibt – etwa den Lärm der Waffen, die gegenseitigen Zurufe, die Klagen der Verletzten, das Vorbeireiten einer Reiterstreitkraft, das Wiehern der Pferde und der Lärm der vorbeiziehenden Trossknechte –, ist das Heer auch an die sichtbaren Zeichen zu gewöhnen.
(27.4) Allerdings kann auch dies in bestimmten Fällen nicht gangbar sein – bei Nebel, viel Staub, der aufgewirbelt wird, Sonne, die ins Gesicht scheint, oder ständigem Schnee oder Regen, der vom Himmel stürzt, oder aber in Gelände, das mit Bäumen bestanden oder hügelig ist –, so dass nicht für die ganze Phalanx die Zeichen erkennbar sind.
(27.5) Wenn also Hügel den Blick verschließen, muss man mehrere sichtbare Signale geben, zudem ist bei Hindernissen aus der Luft auch die Trompete gut.

(28.1) Zu den Märschen, welche die Heere durchführen, ist vor allem dies zu bedenken, dass der eine *Epagoge* in den Märschen (Marsch hintereinander), der andere *Paragoge* (Marsch nebeneinander) genannt wird.
(28.2) Eine *Epagoge* ist es, wenn eine Gruppe einer anderen Gruppe geradewegs folgt, wenn also etwa eine *Tetrarchia* (s. o. 10.1) führt und die übrigen *Tetrarchiai* dieser nachgestellt marschieren oder wenn eine *Xenagia* (s. o. 10.3) führt und die übrigen *Xenagiai* folgen – in einem Wort: wenn sich den Reihenschließern der vorab führenden Einheit die Anführer der nachfolgenden Einheit anschließen.
(28.3) Eine *Paragoge* ist es, wenn die ganze Phalanx (nebeneinander) marschiert, wobei sie ihre Befehlshaber auf der linken oder aber der rechten Seite hat. Und wenn sie die

δεξιῶν ποιησαμένη. κἂν μὲν ἐκ τῶν εὐωνύμων ποιήσηται, εὐώνυμος παραγωγὴ καλεῖται, ἂν δὲ ἐκ τῶν δεξιῶν, δεξιά.
(28.4) ὅπως δ' ἂν ἡ πορεία γίγνηται, εἴτε κατ' ἐπαγωγὴν εἴτ' ἐν παραγωγῇ, ἤτοι ἐν μονοπλεύρῳ τῷ τάγματι ἡ στρατιὰ βαδιεῖται, ἢ ἐν διπλεύρῳ ἢ ἐν τριπλεύρῳ ἢ ἐν τετραπλεύρῳ·
(28.5) μονοπλεύρῳ μέν, ἐπειδὰν ἕνα τόπον ὕποπτον ἔχῃ ὁ στρατηγός· διπλεύρῳ δέ, ἐπειδὰν δύο· τριπλεύρῳ δέ, ἐπειδὰν τρεῖς· τετραπλεύρῳ δέ, ἐπειδὰν πάντοθεν οἱ πολέμιοι ἐπιστήσεσθαι πιθανοὶ δοκῶσι.
(28.6) καὶ μὴν ποτὲ μὲν μονοφαλαγγίᾳ ἡ πορεία γίγνεται, ποτὲ δὲ διφαλαγγίᾳ, καὶ οὕτως τριφαλαγγίᾳ τε καὶ τετραφαλαγγίᾳ. καὶ ταῦτα οὐ χαλεπὸν ξυμβάλλειν ἀπὸ τῶν πρόσθεν τάξεων.

(29.1) ἔτι δὲ ἀμφίστομος μὲν φάλαγξ καλεῖται ἡ τοὺς ἡμίσεας τῶν ἐν τοῖς λόχοις ἀνδρῶν ἀπεστραμμένους ἀπὸ σφῶν ἔχουσα, ὡς ἀντινώτους εἶναι·
(29.2) διφαλαγγία δὲ ἀμφίστομος, ἥτις ἐν τῇ πορείᾳ τοὺς ἡγεμόνας <ἔχει> ἐξ ἑκατέρων τῶν μερῶν ἐν παραγωγαῖς τεταγμένους, τοὺς μὲν ἐν δεξιᾷ τοὺς δὲ ἐν εὐωνύμῳ, <τοὺς δὲ οὐραγοὺς ἔσω τεταγμένους· ἀντίστομος δὲ διφαλαγγία, ἣ τοὺς μὲν ἡγεμόνας ἔχει μέσους τεταγμένους,> [*fol.* 192v] τοὺς δὲ οὐραγοὺς ἔξω ἐστραμμένους ἐξ ἑκατέρων τῶν μερῶν ἐν παραγωγαῖς.
(29.3) ἑτερόστομος δὲ φάλαγξ ἐστὶν ἡ τὸ μὲν ἡγούμενον ἥμισυ ἐν τῇ πορείᾳ ἔχουσα ἐν εὐωνύμῳ παραγωγῇ, τοῦτ' ἔστι τοὺς ἡγεμόνας ἐξ εὐωνύμου, τοῦ δὲ λοιποῦ ἡμίσεος τῆς φάλαγγος τοὺς ἡγεμόνας ἐν δεξιᾷ παραγωγῇ.
(29.4) ὁμοιόστομος δ' ἐν πορείᾳ διφαλαγγία ἐστίν, ἥτις τοὺς ἡγεμόνας ἑκατέρας τῆς φάλαγγος ἐκ τῶν αὐτῶν

Befehlshaber auf der linken Seite hat, wird dies »linke *Paragoge*« genannt, wenn rechts, »rechte *Paragoge*«.
(28.4) Gleich ob der Marsch in *Epagoge* oder in *Paragoge* geschieht, wird er in ein-, zwei-, drei- oder vierseitiger Formation durchgeführt:
(28.5) in einseitiger, wenn der Feldherr nur einen Platz verdächtig findet, in zweiseitiger, wenn es zwei sind, in dreiseitiger, wenn es drei sind, und in vierseitiger, wenn die Feinde aus allen Richtungen anzugreifen gewillt scheinen.
(28.6) Der Marsch geschieht manchmal in einer *Monophalangia*, manchmal in einer *Diphalangia* und so auch in einer *Triphalangia* und einer *Tetraphalangia*. Diese sind nicht schwer aus den vorherigen Stellungen zusammenzufügen.

(29.1) *Amphistomos* wird die Phalanx genannt, welche die Hälfte der Männer in den Reihen voneinander abgewandt aufgestellt hat, so dass sie Rücken an Rücken stehen.
(29.2) Eine *Diphalangia* (s. o. 10.7) ist *amphistomos*, die auf dem Marsch die Befehlshaber der beiden Teile in *Paragogai* (außen) aufgestellt hat, und zwar die einen rechts und die anderen links, die Reihenschließer aber auf der Innenseite. Eine *antistomos Diphalangia* ist die Formation, welche die Befehlshaber in der Mitte und die Reihenschließer von jedem der beiden Teile in *Paragogai* (nach außen) aufgestellt hat.
(29.3) Eine *heterostomos*-Phalanx ist diejenige, die, wenn sie auf dem Marsch ist, ihre führende Hälfte in einer linken *Paragoge* hat, also die Befehlshaber auf der linken Seite, die andere Hälfte der Phalanx aber die Befehlshaber auf der anderen Seite in einer rechten *Paragoge*.
(29.4) Eine *homoiostomos Diphalangia* auf dem Marsch ist diejenige, welche die Befehlshaber einer jeden (Teil-)Pha-

μερῶν ἔχει τεταγμένους, ἢ ἐκ δεξιῶν ἢ ἐκ τῶν εὐωνύμων ἑκατέρας τῆς φάλαγγος.

(29.5) ὅταν δὲ ἡ ἀμφίστομος διφαλαγγία τὰ μὲν ἡγούμενα πέρατα ἀλλήλοις συνάψῃ, τὰ δὲ ἑπόμενα διαστήσῃ, τὸ τοιοῦτον ἔμβολον καλεῖται.

(29.6) ἐπὰν δὲ ἀντίστομος διφαλαγγία τὰ μὲν ἑπόμενα πέρατα συνάψῃ, τὰ δὲ ἡγούμενα διαστήσῃ, τὸ τοιόνδε κοιλέμβολον καλεῖται.

(29.7) πλαίσιον δὲ ὀνομάζεται ὁπόταν πρὸς πάσας τὰς πλευρὰς παρατάξηταί τις ἐν ἑτερομήκει σχήματι·

(29.8) πλινθίον δέ, ὅταν ἐν τετραγώνῳ σχήματι ταὐτὸ τοῦτο πράξῃ, ὅπερ Ξενοφῶν ὁ τοῦ Γρύλλου πλαίσιον ἰσόπλευρον καλεῖ.

(29.9) [ὃ] καὶ ὑπερφαλάγγησιν μὲν ὀνομάζουσι τὴν καθ᾽ ἑκάτερον τὸ πέρας τῆς φάλαγγος ὑπεροχὴν ὑπὲρ τοὺς πολεμίους, ὑπερκέρασιν δὲ τὴν καθ᾽ ἓν ὁπότερον οὖν κέρας. καὶ τῇ μὲν ὑπερφαλαγγήσει ἡ ὑπερκέρασις ἑπόμενόν ἐστιν, ἀνάπαλιν δὲ οὔ.

(29.10) οὕτω τοι κέρατι μὲν ὁποτέρῳ οὖν ὑπερέχειν καὶ ἐλάττονας κατὰ πλῆθος δυνατόν, καὶ ἐν ἴσῳ βάθει φυλάττοντας τὴν πᾶσαν τάξιν· ὑπερφαλαγγῆσαι δὲ ἐν ἴσῳ τῷ πλήθει ἢ καὶ μείονι, μὴ ἐπὶ λεπτὸν ἐπεκτείναντα, οὐχ οἷόν τε.

(30.1) αἱ δὲ τῶν σκευοφόρων ἀγωγαὶ ξὺν ἡγεμόνι γιγνέσθωσαν. τρόποι δὲ αὐτῶν πέντε· ἢ γὰρ ἡγεῖσθαι αὐτὰ χρὴ τῆς στρατιᾶς σὺν οἰκείᾳ φυλακῇ, ἢ ἕπεσθαι, ἢ ἐκ πλαγίου ἰέναι – καὶ τοῦτο διττόν· ἢ γὰρ ἐκ δεξιῶν ἢ ἐξ ἀριστερῶν –, ἢ ἐντὸς τῶν ὅπλων ἄγεσθαι.

lanx auf derselben Seite hat, also jeweils etwa auf der rechten oder linken Seite jeder (Teil-)Phalanx.

(29.5) Wenn eine *amphistomos Diphalangia* die vorderen Enden miteinander verbunden hat, aber die Enden voneinander Abstand haben, wird so etwas Keil genannt.

(29.6) Wenn eine *antistomos Diphalangia* die hinteren Enden verbunden hat und die vorderen Enden voneinander Abstand haben, wird so etwas Hohlkeil genannt.

(29.7) Länglich (*plaision*) nennt man es, wenn an allen Außenseiten jeder in einer rechteckigen Formation danebengestellt ist,

(29.8) ziegelförmig (*plinthion*) aber, wenn in einer quadratischen Formation genau dasselbe gemacht wird, was Xenophon, Sohn des Gryllos, »gleichseitig länglich« nennt (Xenophon, *Anabasis* 3.2.36 und 3.4.19).

(29.9) Als *Hyperphalangesis* bezeichnet man, wenn beide Hörner der Phalanx über die Feinde hinausragen, als *Hyperkerasis*, wenn nur eines der beiden Hörner hinausragt. Daraus folgt, dass in der *Hyperphalangesis* die *Hyperkerasis* einbezogen ist, aber nicht umgekehrt.

(29.10) So ist es einem der beiden Hörner auch möglich, auch mit einer geringeren Streitmacht einer Masse überlegen zu sein, und in gleicher Tiefe die ganze Stellung zu bewahren; hingegen ist es nicht möglich, eine *Hyperphalangesis* bei derselben Menge oder auch mehr durchzuführen, damit sie nicht zu dünn ausgedehnt wird.

(30.1) Die Züge der Trossknechte müssen mit einem (eigenen) Anführer durchgeführt werden. Es gibt fünf Weisen davon: (Der Tross) muss entweder vor den Streitkräften mit eigener Wache geführt werden oder ihnen folgen oder auf einer Seite gehen – dies ist in doppelter Weise möglich: entweder links oder rechts – oder innerhalb der Bewaffneten geführt werden.

(30.2) πρὸ μὲν δὴ τῆς φάλαγγος χρὴ ἄγειν τὰ σκευοφόρα, ἐπειδὰν ἐκ πολεμίας ἀπάγῃς· ἑπόμενα δὲ τῇ φάλαγγι, ἐπειδὰν εἰς πολεμίαν ἐμβάλλῃς· παράγειν δὲ ὁποτέρᾳ οὖν, ἐπειδὰν τὰ πλάγια φοβώμεθα· ἐντὸς δὲ τῆς φάλαγγος, ἐὰν τὰ πανταχόθεν ὕποπτα ᾖ.

(31.1) τὰ δὲ παραγγέλματα χρὴ συντομώτατά τε ὡς οἷόν τε καὶ σαφέστατα ποιεῖσθαι. ἔσται δὲ τοῦτο, εἰ ὅσα [*fol.* 193r] ἀμφιβόλως δέξασθαι δυνατοὶ εἶεν οἱ στρατιῶται, ταῦτα φυλαττοίμεθα.

(31.2) αὐτίκα εἰ »κλῖνον« λέγοις [ἐν] ᾧ προστιθείης τὸ »ἐπὶ δόρυ« ἢ »ἐπ᾽ ἀσπίδα«, οἱ ὀξέως κατακούειν εἰθισμένοι τῶν παραγγελμάτων ἄλλοι ἄλλο δεξάμενοι ἔπραξαν. οὔκουν ὧδε χρὴ λέγειν »κλῖνον ἐπὶ δόρυ« ἢ »κλῖνον ἐπ᾽ ἀσπίδα«, ἀλλ᾽ ἀναστρέψαντα »ἐπὶ δόρυ κλῖνον« ἢ »ἐπ᾽ ἀσπίδα κλῖνον«· οὕτω γὰρ ξύμπαντες τὸ αὐτὸ ἀκούσονταί τε καὶ δράσουσιν.

(31.3) οὔκουν οὐδὲ »μεταβαλοῦ« ἢ »ἐξέλιξον« χρὴ παραγγέλλειν· ταῦτα γὰρ τοῦ γένους τὴν πρᾶξιν δηλοῦντα ἐπὶ διάφορα ἔργα ἄξει τοὺς ἀκούοντας. ἀλλὰ τὰ εἴδη γὰρ προτακτέον πρὸ τῶν γενῶν, οἷον »ἐπὶ δόρυ μεταβαλοῦ« ἢ »ἐπ᾽ ἀσπίδα«.

(31.4) καὶ αὖ ὧδε ἐροῦμεν »τὸν Λάκωνα ἐξέλισσε«, ἢ »τὸν χόριον«, ἢ »<τὸν> Μακεδόνα«. εἰ δὲ μὴ προσθεὶς ὅντινα, αὐτὸ μόνον »ἐξέλισσε« φαίης, ἄλλοι ἐπ᾽ ἄλλον ἐξελιγμὸν ἥξουσιν.

(30.2) Vor der Phalanx müssen die Trossknechte geführt werden, wenn man aus dem Feindesland zurückkehrt, der Phalanx folgend, wenn man in das Feindesland vorrückt, auf einer der Seiten neben der Phalanx, wenn ein Flankenangriff befürchtet wird, und innerhalb der Phalanx, wenn alle Seiten verdächtig sind.

(31.1) Die Befehle müssen so konzis und klar wie möglich gegeben werden. Es ist nämlich so, dass die Soldaten, auch wenn sie etwas nur uneindeutig vernehmen können, dieses beachten dürften.
(31.2) Wenn du etwa »Drehen!« sagst und dann das »zum Speer« oder »zum Schild« hinzufügst, werden diejenigen, die rasch auf die Befehle zu hören gewöhnt sind, der eine dies, der andere das aufnehmen und tun. Nicht also darf man sagen »Drehen zum Speer!« oder »Drehen zum Schild!«, sondern umgekehrt »Zum Speer drehen!« oder »Zum Schild drehen!«. So werden alle dasselbe hören und auch machen.
(31.3) Ebenso darf man nicht »Kehrtmachen!« oder »Wendemanöver machen!« befehlen; dies nämlich tut nur die Ausführung der Gattung kund und wird die Hörenden zu unterschiedlichen Taten führen. Vielmehr muss man die Art vor die Gattung stellen, etwa »Zum Speer kehrtmachen!« oder »Zum Schild (kehrtmachen)!«
(31.4) Genauso wieder befehlen wir »Das lakonische Wendemanöver machen!« oder »das chorische« oder »das makedonische«. Wenn jemand nämlich nicht voranstellt, welches, und nur »Wendemanöver machen!« sagt, werden manche die eine Art von Wendemanöver machen und manche die andere.

(31.5) οὐδὲν δὲ ὡσαύτως ἀγαθὸν ἔν τε πορείαις καὶ ἐν μάχαις ὡς σιγὴ τοῦ παντὸς στρατεύματος. καὶ τοῦτό γε καὶ Ὅμηρος ἐν τῇ ποιήσει ἐδήλωσεν· περὶ μὲν γὰρ τῶν ἡγεμόνων τῶν Ἑλλήνων φησὶν ὅτι

… κέλευε δὲ οἷσιν ἕκαστος
ἡγεμόνων …

περὶ δὲ τῆς στρατιᾶς ὅτι

… οἱ δ' ἄλλοι ἀκὴν ἴσαν – οὐδέ κε φαίης
τόσσον λαὸν ἕπεσθαι ἔχοντ' ἐν στήθεσιν αὐδήν –
σιγῇ δειδιότες σημάντορας.

τῶν δὲ δὴ βαρβάρων τὴν ἀταξίαν δηλῶσαι θελήσας, »κλαγγῇ καὶ ἐνοπῇ« φησὶν ἰέναι τοὺς Τρῶας ἶσα καὶ »ὄρνιθας«.

(31.6) καὶ αὖ ἐν ἄλλοις ἔπεσι

τῶν δ' ὥστ' ὀρνίθων πετεηνῶν – φησίν – ἔθνεα πολλά,
χηνῶν ἢ γεράνων ἢ κύκνων δουλιχοδείρων

καὶ ἐπεξελθὼν τῶν ὀρνίθων τὸν θόρυβον

ὣς Τρώων ἀλαλητός – φησίν – ἀνὰ στρατὸν εὐρὺν ὀρώρει·
οὐ γὰρ πάντων ἦεν ὁμὸς θρόος οὐδ' ἴα γῆρυς.

ὑπὲρ δὲ τῶν Ἑλλήνων

(31.5) Nichts ist so gut auf Märschen und in Schlachten wie das Schweigen des ganzen Heeres. Und dies tat auch HOMER in der Dichtung kund; über die Anführer der Griechen sagt er nämlich:

> … Es gebot den Seinen ein jeder
> Völkerfürst … (HOMER, *Ilias* 4.428–429)

und über das Heer:

> … still gingen die anderen; keiner gedächt' auch,
> solch ein großes Gefolg' hab' einen Laut in den Busen,
> ehrfurchtsvoll verstummend dem Befehlshaber.
> (HOMER, *Ilias* 4.429–431)

Wenn er die Unordnung der Barbaren kundtun will, sagte er, es seien »mit Lärm und Geschrei« die Troër gleich »Vögeln« gezogen (HOMER, *Ilias* 3.2).

(31.6) Und wieder in anderen Versen sagt er:

> Dort, gleichwie der Gevögel unzählbar fliegende Scharen,
> Kraniche, oder Gäns', und das Volk langhalsiger Schwäne
> (HOMER, *Ilias* 2.459–460)

und, wenn er den Lärm der Vögel behandelt:

> Also erscholl das Geschrei im weiten Heere der Troër;
> Denn nicht gleich war aller Getön, noch einerlei Ausruf;
> (HOMER, *Ilias* 4.436–437)

über die Griechen aber:

οἳ δ᾽ ἄρ᾽ ἴσαν σιγῇ – φησίν – μένεα πνείοντες Ἀχαιοί,
ἐν θυμῷ μεμαῶτες ἀλεξέμεν ἀλλήλοισιν.

οὕτω γὰρ οἱ μὲν ἡγεμόνες ὀξέως παραγγελοῦσιν αὐτά, ἡ δὲ στρατιὰ ὀξέως δέξεται τὰ ἐνδιδόμενα.

(32.1) τὰ παραγγέλματα δὲ ἔστω τοιάδε·
»ἄγε εἰς τὰ ὅπλα.«
»<ὁ> ὁπλοφόρος <μὴ> ἀπίτω ἀπὸ τῆς φάλαγγος.«
»σίγα καὶ πρόσεχε τῷ παραγγελλομένῳ.«
»ἄνω τὰ δόρατα.«
»κάθες τὰ δόρατα.«
»ὁ οὐραγὸς τὸν λόχον ἀπευθυνέτω.«
»τήρει τὰ διαστήματα.«
»ἐπὶ δόρυ κλῖνον.«
»ἐπ᾽ ἀσπίδα κλῖνον.«
»πρόαγε.«
»ἐχέτω οὕτως.«
»ἐς ὀρθὸν ἀπόδος.«
»τὸ βάθος διπλασίαζε.«
»ἀποκατάστησον.«
»τὸν Λάκωνα ἐξέλιττε.«
»ἀποκατάστησον.«
»ἐπὶ δόρυ ἐκπερίσπα.«
»ἀποκατάστησον.«

(32.2) τάδε μέν – ὥσπερ ἐν τέχνῃ – δι᾽ ὀλίγων ἐδήλωσα ἱκανὰ ὑπέρ γε τῶν πάλαι Ἑλληνικῶν καὶ [*fol.* 193v] τῶν Μακεδονικῶν τάξεων, ὅστις μηδὲ τούτων ἀπείρως ἐθέλοι ἔχειν·
(32.3) ἐγὼ δὲ τὰ ἱππικὰ γυμνάσια, ὅσα Ῥωμαῖοι ἱππῆς γυμνάζονται, ἐν τῷ παρόντι ἐπεξελθών, ὅτι τὰ πεζικὰ

Jene wandelten still, die mutbeseelten Achaier,
all' im Herzen gefasst, zu verteidigen einer den andern.
(Homer, *Ilias* 3.8–9)

So nämlich befehlen dies die Anführer rasch, das Heer aber nimmt das Aufgetragenen rasch auf.

(32.1) Die Befehle sollen folgende sein:
»Auf, zu den Waffen!«
»Der Waffenträger soll nicht fortgehen von der Phalanx!«
»Schweige und achte auf das Befohlene!«
»Hoch die Speere!«
»Herunter die Speere!«
»Der Reihenschließer soll die Reihe ausrichten!«
»Herstellen der Abstände!«
»Zum Speer drehen!«
»Zum Schild drehen«
»Vorrücken!«
»Halt so!«
»Wieder geradeaus drehen!«
»Die Tiefe verdoppeln!«
»Zurückplatzieren!«
»Das lakonische Wendemanöver machen!«
»Zurückplatzieren!«
»Zum Speer viertelschwenken!«
»Zurückplatzieren!«

(32.2) Dies habe ich – wie in einer *Techne* (einem Handbuch der Kunst) – in Kürze kundgetan, tauglich für die der alten griechischen und makedonischen Stellungen, so dass niemand mehr sie nicht in Erfahrung gebracht haben kann. (32.3) Ich will nun noch die Reiterübungen, wie sie die Römer zum Training der Reiterei nutzen, sogleich durchge-

ἔφθην δηλῶσαι ἐν τῇ συγγραφῇ ἥντινα ὑπὲρ αὐτοῦ τοῦ βασιλέως συνέγραψα, τόδε μοι ἔσται τέλος τοῦ λόγου τοῦ τακτικοῦ.

(33.1) καίτοι οὐκ ἀγνοῶ χαλεπὴν ἐσομένην τὴν δήλωσιν τῶν ὀνομάτων ἑκάστων, ὅτι οὐδὲ αὐτοῖς Ῥωμαίοις τὰ πολλὰ τῆς πατρίου φωνῆς ἔχεται, ἀλλὰ ἔστιν ἃ τῆς Ἰβήρων ἢ Κελτῶν, ἐπεὶ τὰ πράγματα αὐτὰ Κελτικὰ ὄντα προσέλαβον, εὐδοκιμήσαντος αὐτοῖς ἐν ταῖς μάχαις τοῦ Κελτῶν ἱππικοῦ.
(33.2) εἰ γάρ τοι ἐπ᾽ ἄλλῳ τῳ, καὶ ἐπὶ τῷδε ἄξιοι ἐπαινεῖσθαι Ῥωμαῖοι, ὅτι οὐ τὰ οἰκεῖα καὶ πάτρια οὕτως τι ἠγάπησαν, ὡς τὰ πανταχόθεν καλὰ ἐπιλεξάμενοι οἰκεῖα σφίσιν ἐποιήσαντο.
(33.3) οὕτω τοι εὕροις ἂν καὶ ὁπλίσεις τινὰς παρ᾽ ἄλλων λαβόντας – καὶ ἤδη Ῥωμαϊκαὶ ὀνομάζονται, ὅτι κράτιστα Ῥωμαῖοι αὐταῖς ἐχρήσαντο –, καὶ γυμνάσια στρατιωτικὰ παρ᾽ ἄλλων, καὶ θρόνους <τοὺς> τῶν ἀρχόντων καὶ ἐσθῆτα τὴν περιπόρφυρον.
(33.4) οἳ δὲ καὶ θεοὺς αὐτοὺς ἄλλους παρ᾽ ἄλλων λαβόντες ὡς οἰκείους σέβουσιν. τὰ γοῦν ἐπ᾽ αὐτοῖς δρώμενα εἰς τοῦτο ἔτι τὰ μὲν Ἀχαιῶν νόμῳ δρᾶσθαι λέγεται, τὰ δὲ κοινῶς Ἑλλήνων. δρᾶται δὲ ἔστιν ἃ καὶ Φρύγια· καὶ γὰρ ἡ Ῥέα αὐτοῖς ἡ Φρυγία τιμᾶται ἐκ Πεσσινοῦντος ἐλθοῦσα, καὶ τὸ πένθος τὸ ἀμφὶ τῷ Ἄττῃ Φρύγιον <ὂν> ἐν Ῥώμῃ πενθεῖται, καὶ τὸ λουτρὸν δ᾽ ἡ Ῥέα, ἐφ᾽ οὗ τοῦ πένθους λήγει, τῶν Φρυγῶν νόμῳ λοῦται.

hen, da ich ja jene der Fußtruppen schon kundgetan habe in der Abhandlung, die ich für den Kaiser selbst verfasst habe (s. o. S. 8); dies soll mir dann auch das Ende des *Logos* (Wort und Werk; s. o. 2.1) über die Taktik sein.

(33.1) Freilich weiß ich wohl, dass die Kundmachung der einzelnen Namen schwierig sein wird, weil auch für die Römer selbst die Mehrzahl nicht in der Muttersprache vorhanden ist, sondern teils in der Iberer- oder Kelten-Sprache, da sie diese Dinge, die keltisch sind, übernommen haben, weil bei ihnen in den Schlachten die Reiterei der Kelten sehr berühmt ist.

(33.2) Wenn nämlich die Römer in anderem lobenswert sind, dann insbesondere auch darin, dass sie ihr Eigenes und von den Vätern Übernommenes nicht so sehr liebten, dass sie nicht alles Gute von woher auch immer auswählten und zu ihrem Eigenen machten.

(33.3) So findet man wohl, dass sie sowohl gewisse Bewaffnungen von anderen übernommen haben – und schon werden sie »römisch« genannt, da die Römer sie am stärksten nutzten – als auch militärische Übungen von anderen, ebenso die Amtssessel der Amtsträger und das purpurverbrämte Gewand.

(33.4) Sogar Götter, die sie die einen von diesen, die anderen von jenen übernommen haben, verehren sie wie eigene. Die dabei durchgeführten Rituale sollen bis heute teils nach dem (speziellen) Brauch der Achaier durchgeführt werden, teils nach dem allgemeinen der Griechen. Man führt manche auch nach phrygischer Art durch: Es wird ja von ihnen auch die phrygische RHEA verehrt, die aus Pessinus gekommen ist; auch die Trauer um den phrygischen ATTIS wird in Rom durchgeführt – und auch das Bad der RHEA, nach dem die Trauer endet, wird nach dem Brauch der Phryger abgehalten.

(33.5) καὶ μὴν τῶν νόμων, οὓς ἐν ταῖς δώδεκα δέλτοις τὰ πρῶτα ἐγράψαντο, τοὺς πολλοὺς εὕροις ἂν παρ' Ἀθηναίων λαβόντας.
(33.6) καὶ ταῦτα πολὺ ἂν ἔργον εἴη ἐπεξιέναι, ὅπως τε ἕκαστα ἔχουσι καὶ παρὰ τίνων προσποιηθέντα· [περὶ γυμνασίων Ῥωμαϊκῶν καὶ ὅπως ἐγυμνάζοντο οἱ πάλαι Ῥωμαῖοι] ἐμοὶ δὲ ὑπὲρ τῶν γυμνασίων τῶν ἱππικῶν ὥρα ἤδη λέγειν.

(34.1) τὸ μὲν χωρίον, ἵναπερ τὰ γυμνάσια αὐτοῖς τελεῖται, οὐχ ὁμαλὸν ἐπιλέγονται μόνον, ἀλλ' ἐς τοσόνδε προσεξεργάζονται, ὡς σκάπτειν τε τὸ μέσον αὐτοῦ ἐς βάθος σύμμετρον καὶ τὰς βώλους συγκόπτειν ἐς λεπτότητά τε καὶ μαλακότητα, ἀποτεμνόμενοι τοῦ παντὸς πεδίου τὸ πρὸ τοῦ βήματος ἐς πλαισίου ἰσοπλεύρου σχῆμα.
(34.2) αὐτοὶ δὲ ὡπλισμένοι παριᾶσι κρά[*fol.* 194[r]]νεσι μὲν σιδηροῖς ἢ χαλκοῖς κεχρυσωμένοις, ὅσοι κατ' ἀξίωσιν αὐτῶν διαπρεπεῖς ἢ καθ' ἱππικὴν διαφέροντες, ὡς καὶ αὐτῷ τούτῳ ἐπάγειν ἐπὶ σφᾶς τῶν θεωμένων τὰς ὄψεις.
(34.3) τὰ κράνη δὲ ταῦτα οὐ καθάπερ τὰ εἰς μάχην πεποιημένα πρὸ τῆς κεφαλῆς καὶ τῶν παρειῶν προβέβληται μόνον, ἀλλὰ ἴσα πάντη τοῖς προσώποις πεποίηται τῶν ἱππέων, ἀνεῳγότα κατὰ τοὺς ὀφθαλμούς, ὅσον μὴ ἐπίπροσθεν τοῦ ὁρᾶν γιγνόμενα σκέπην ὅμως παρέχειν τῇ ὄψει.
(34.4) χαῖται δὲ ἀπήρτηνται αὐτῶν ξανθαί, οὐκ ἐπὶ χρείᾳ μᾶλλόν τι ἢ ἐς κάλλος τοῦ ἔργου· καὶ αὗται ἐν ταῖς ἐπελάσεσιν τῶν ἵππων, εἰ καὶ ὀλίγη πνοὴ τύχοι, καὶ ὑπὸ τῆς ὀλίγης ἡδίους φαίνονται ἀπαιωρούμεναι.
(34.5) καὶ θυρεοὺς δὲ φέρουσιν, οὐχ οὕσπερ εἰς τὰς μάχας, ἀλλὰ τῷ βάρει κουφοτέρους, ἅτε ἐπ' ὀξύτητι καὶ κάλλει τὰς μελέτας ποιούμενοι, καὶ ἐς ἡδονὴν πεποικιλμένους·

(33.5) Auch von den Gesetzen, die auf den Zwölf Tafeln erstmals aufgeschrieben wurden, wird man viele finden, die sie von den Athenern genommen haben.
(33.6) Das wäre eine große Arbeit, dem nachzugehen, wie es sich jeweils verhält und von welchen Leuten sie es sich angeeignet haben; für mich aber ist es nun schon höchste Zeit, von den Reiterübungen zu sprechen.

(34.1) Als Platz, an dem sie die Übungen durchführen, wählen sie nicht nur ein ebenes Gelände, sondern sie richten es auch so her, dass sie in der Mitte eine Fläche abgrenzen, auf der sie dann den Boden in gleichmäßiger Tiefe aufgraben und die Erdschollen zerstampfen, bis diese zerkleinert und weich sind, wobei sie von dem ganzen Gelände das Stück vor der Tribüne in Gestalt eines Quadrats abstecken.
(34.2) Die mit vergoldeten Helmen aus Eisen oder Bronze Bewaffneten, soweit sie durch ihren Rang hervorragen oder sich durch besondere Reitkunst auszeichnen, treten an, um schon dadurch die Blicke der Zuschauer auf sich zu lenken.
(34.3) Diese Helme schützen nicht wie die für die Schlachten bestimmten nur den Kopf und die Wangen, sondern sind allseits genau an das Gesicht des Reiters angepasst, mit einer Öffnung für die Augen, die den Blick nicht behindert und diese doch schützt.
(34.4) Von den Helmen hängen blonde Helmbüsche herab, die keinen Zweck außer der Schönheit des Werkes haben. Beim Anreiten der Pferde scheinen sie, selbst wenn es nur einen geringen Luftzug gibt, auch von diesem Wenigen anmutig angehoben zu werden.
(34.5) Die Türschilde (s. o. 3.2), die sie tragen, sind nicht die für die Schlachten, sondern von geringerem Gewicht, da es ja bei diesen Übungen vor allem auf Schnelligkeit und Schönheit ankommt, und sie sind zur Freude bunt verziert.

(34.6) ἀντὶ δὲ τῶν θωράκων Κιμμερικὰ χιτώνια, ἴσα καὶ ὅμοια τοῖς θώραξιν, τὴν δὲ χροιὰν οἳ μὲν κόκκου, οἳ δὲ ὑακίνθου, οἳ δὲ ἄλλῃ καὶ ἄλλῃ πεποικιλμένα·
(34.7) ἀναξυρίδας δὲ περὶ τοῖν σκελοῖν, οὐ καθάπερ Παρθυαῖοι καὶ Ἀρμένιοι κεχαλασμένας, ἀλλὰ περισφιγγομένας τοῖν σκελοῖν.
(34.8) ἵπποι δὲ αὐτοῖς προμετωπιδίοις μὲν ἐς ἀκρίβειαν πεφραγμένοι εἰσί, παραπλευριδίων δὲ οὐδὲν δέονται· ἀσίδηρα γὰρ ὄντα τὰ ἐπὶ τῇ μελέτῃ ἀκόντια τοὺς μὲν ὀφθαλμοὺς τῶν ἵππων [καὶ] κακόν τι ἂν ἀπεργάσαιντο, ταῖς πλευραῖς δὲ αὐτῶν ἄλλως τε καὶ τοῖς ἐφιππίοις τὸ πολὺ μέρος σκεπομέναις ἀβλαβῶς προσπίπτει.

(35.1) πρῶτον μὲν δὴ ἐπέλασις αὐτοῖς ἐς τὸ ἀποδεδειγμένον πεδίον γίνεται ὡς διαπρεπέστατα ἐς κάλλος καὶ λαμπρότητα ἠσκημένη, ὁπόθεν ἂν μάλιστα ἐκ τοῦ ἀφανοῦς ἐπελαύνειν δόξειαν καὶ μὴ ἁπλῆν ἀλλ᾽ ὡς ἔνι ποικίλην τὴν ἐκδρομὴν ποιεῖσθαι.
(35.2) σημείοις δὲ διακεκριμένοι ἐπελαύνουσιν, οὐ τοῖς Ῥωμαϊκοῖς μόνον ἀλλὰ καὶ τοῖς Σκυθικοῖς, τοῦ ποικιλωτέραν τε καὶ ἅμα φοβερωτέραν γίγνεσθαι τὴν ἔλασιν.
(35.3) τὰ Σκυθικὰ δὲ σημεῖά ἐστιν ἐπὶ κοντῶν ἐν μήκει ξυμμέτρῳ δράκοντες ἀπαιωρούμενοι. ποιοῦνται δὲ ξυρραπτοὶ ἐκ ῥακῶν βεβαμμένων, τάς τε κεφαλὰς καὶ τὸ σῶμα πᾶν ἔστε ἐπὶ τὰς οὐρὰς εἰκασμένοι ὄφεσιν, ὡς φοβερώτατα οἷόν τε εἰκασθῆναι.
(35.4) καὶ τὰ σοφίσματα ταῦτα ἀτρεμούντων μὲν τῶν ἵππων οὐδὲν πλέον ἢ ῥάκη ἂν [*fol.* 194[v]] ἴδοις πεποικιλμένα ἐς τὸ κάτω ἀποκρεμάμενα, ἐλαυνομένων δὲ ἐμπνεόμενα ἐξογκοῦνται, <ὥς>τε ὡς μάλιστα τοῖς θηρίοις ἐπεοικέναι,

(34.6) Statt mit Brustpanzern sind sie mit diesen völlig entsprechenden kimmerischen Gewändern bekleidet – scharlach- oder dunkelroten oder auch anders bunten –
(34.7) und um die Schenkel mit Hosen, und zwar nicht mit weiten wie die Parther und Armenier, sondern mit eng an den Schenkeln anliegenden.
(34.8) Die Pferde sind mit Stirnpanzern genauestens geschützt. Eine Seitenpanzerung benötigen sie aber nicht, denn die bei jener Übung benutzten Lanzen haben keine eisernen Spitzen; sie könnten daher zwar die Augen der Pferde verletzen, ihre Flanken dagegen kaum, zumal diese größtenteils durch den Sattel geschützt werden.

(35.1) Zuerst erfolgt ein Anreiten in das abmarkierte Feld, so eingeübt, dass es den schönsten und glänzendsten Eindruck hervorruft, woher auch immer – meist von einem verdeckten Platz aus – man es zu beginnen beschließt. Es soll nicht einfach, sondern mit möglichst vielen Variationen durchgeführt werden.
(35.2) Sie reiten heran, durch Standarten in Abteilungen gegliedert, und zwar nicht nur durch römische, sondern auch durch skythische, damit der Anritt farbenprächtiger und zugleich furchterregender wird.
(35.3) Die skythischen Standarten haben die Form von Drachen, die in entsprechender Größe an Stangen befestigt herabhängen. Sie sind aus gefärbten Lappen zusammengenäht. Der Kopf und der ganze Körper bis zum Schwanz sind so schreckenerregend wie möglich Schlangen nachgebildet.
(35.4) Das Ganze zielt auf folgendes Schaustück ab: Wenn die Pferde ruhig stehen, dürfte man nicht mehr als bunte Lappen herabhängen sehen; beim Reiten aber blähen sie sich durch den Wind auf, sind dann den (genannten) Tieren außerordentlich ähnlich und zischen auch ein wenig,

καί τι καὶ ἐπισυρίζειν πρὸς τὴν ἄγαν κίνησιν ὑπὸ τῇ πνοῇ βιαίᾳ διερχομένῃ.

(35.5) καὶ ταῦτα τὰ σημεῖα οὐ τῇ ὄψει μόνον ἡδονὴν ἢ ἔκπληξιν παρέχει, ἀλλὰ καὶ ἐς διάκρισιν τῆς ἐπελάσεως καὶ τὸ μὴ ἐμπίπτειν ἀλλήλαις τὰς τάξεις ὠφέλιμα γίγνονται.

(35.6) οἱ μὲν γὰρ φέροντες αὐτά, οἱ δαημονέστατοι τῶν ἐξελιγμῶν τε καὶ ἐπιστροφῶν, εἰς ἄλλους καὶ ἄλλους κύκλους ἢ ἄλλας καὶ ἄλλας ἐπ᾽ εὐθὺ ἐκδρομὰς ἐπιλέγονται, τὸ δὲ πλῆθος οὐδὲν ἄλλο μεμελέτηκεν ὅτι μὴ ἕπεσθαι τῷ οἰκείῳ ἕκαστοι σημείῳ.

(35.7) καὶ οὕτως ποικίλαι μὲν αἱ ἐπιστροφαί, πολυειδεῖς δὲ οἱ ἔμπαλιν ἐξελιγμοί, πολύτροποι δὲ ἄλλῃ καὶ ἄλλῃ αἱ ἐπελάσεις γιγνόμεναι ἀσυγχύτους ὅμως τὰς τάξεις παρέχονται. συνενεχθὲν δὲ σημεῖον σημείῳ <ἢ> ἵππος ἵππῳ ἐμπεσὼν ἀναταράξαι ἂν τὴν πᾶσαν τάξιν καὶ οὐ τὸ κάλλος μόνον ἀλλὰ καὶ τὴν χρείαν διαφθείραι τοῦ ἔργου.

(36.1) ὁμοῦ δὲ ἥ τε ἐπέλασις αὐτοῖς ἀποπαύεται καὶ κατὰ τὰ ἀριστερὰ τοῦ βήματος ὑπομένουσιν ἐπάλληλοι <οἱ> ἱππῆς, τὰς μὲν κεφαλὰς τῶν ἵππων εἰς τοὐπίσω ἀποστρέψαντες, τοὺς θυρεοὺς δὲ πρὸ τῶν νώτων τῶν σφετέρων καὶ πρὸ τῶν ἱππείων οὕτω προβεβλημένοι. καὶ ἡ τάξις αὕτη, καθάπερ ὁ ξυνασπισμὸς τῶν πεζῶν, χελώνη ὀνομάζεται.

(36.2) δύο δὲ ἱππῆς, τοῦδε τοῦ στοίχου διέχοντες ὅσον ἐκδρομὰς παρέχειν τοῖς φιλίοις ἱππεῦσι, προβέβληνται πρὸ τοῦ δεξιοῦ κέρως τῆς χελώνης, τοῦ ἐκδέχεσθαι τοὺς ἐξακοντισμοὺς τῶν ἐς εὐθὺ ἐπελαυνόντων.

wenn bei der schnellen Bewegung der Luftzug mit Gewalt hindurchfährt.
(35.5) Diese Standarten bereiten nicht nur einen vergnüglichen oder erstaunlichen Anblick, sondern dienen auch zur Aufgliederung des Aufmarsches und sind zudem dafür vorteilhaft, dass die Formationen nicht ineinander geraten.
(35.6) Diejenigen nämlich, die sie tragen, sind die in Wendemanövern und Schwenkungen erfahrensten Krieger, unternehmen immer neue Kreisbewegungen und gerade Ausfälle, von der Masse aber achtet jeder auf nichts anderes als darauf, der eigenen Standarte zu folgen.
(35.7) Während so vielfältige Schwenkungen, vielgestaltige Wendemanöver und immer wieder in eine andere Richtung laufenden Anritte in den verschiedensten Formen ausgeführt werden, bleiben die Stellungen unverwirrt. Würde eine Standarte an eine andere geraten oder ein Pferd auf ein anderes stoßen, könnten ja die ganze Stellung verwirrt und nicht nur der äußere Eindruck, sondern auch der Nutzen der Übung verdorben werden.

(36.1) Wenn der Aufmarsch beendet ist, machen sogleich zur Linken der Tribüne die Reiter dichtgedrängt halt, wobei sie die Köpfe der Pferde nach hinten zurückwenden und so die Türschilde vor ihre eigenen Rücken und vor jene der Pferde halten. Diese dem Schildverbund der Fußtruppen (s. o. 11.4) entsprechende Aufstellung wird »Schildkröte« genannt.
(36.2) Zwei Reiter jedoch nehmen in einem solchen Abstand von dieser Linie, wie nötig ist, damit die Leute ihrer Gruppe heranreiten können, vor dem rechten Horn (Flügel) der »Schildkröte« Aufstellung, um die Speerwürfe der geradlinig Anreitenden abzufangen.

(36.3) οὕτω μὲν οἱ ἡμίσεες τῶν ἱππέων πεφραγμένοι ἵστανται ἐς προβολήν· ἐπὰν δὲ σημήνῃ τῇ σάλπιγγι, οἱ ἡμίσεις αὖ ἐπελαύνουσιν, ὡς πλεῖστα καὶ συνεχέστατα ἀκόντια ἐξακοντίζοντες, πρῶτος ὁ πρῶτος κατ᾽ ἀρετήν, καὶ ἐπὶ τούτῳ ὁ δεύτερος, καὶ <οἱ> ἐφεξῆς ὡσαύτως.

(36.4) τὸ δὲ κάλλος τοῦ δρωμένου ἐν τῷδε ἐστίν, ὅστις ὅτι πλεῖστα καὶ ξυνεχέστατα ἀκόντια, ὀρθῷ ἐπελαύνων τῷ ἵππῳ, ἐς τοὺς δύο τοὺς προβεβλημένους πρὸ τοῦ [ἀριστεροῦ] κέρως τῆς χελώνης κατὰ αὐτῶν τῶν ὅπλων ὡς μάλιστα τύχοι ἀκοντίσας.

(36.5) ἐπελάσαντες δὲ ἐπ᾽ εὐθύ, ἐγκλίνουσιν αὖ ἐς τὰ πλάγια, ὡς ἐς κύκλον ἐπιστρέφοντες.

(36.6) ἡ κλίσις δὲ αὐτοῖς ἐπὶ τὰ δεξιὰ σφῶν γίγνεται [ἐπὶ δόρυ]·οὕτως γὰρ τῷ τε ἀκοντίζειν [*fol.* 195[r]] οὐδὲν ἐμποδὼν ἵσταται, καὶ οἱ θυρεοὶ προβέβληνται πρὸ τῶν ἀκοντιζόντων ἐν τῇ ἐπελάσει.

(37.1) καὶ χρὴ τοσαῦτα φέρειν ἀκόντια, ὡς διὰ πάσης τῆς προβολῆς ἐξακοντίζειν παριππεύοντα. καὶ τοῦ τε ἀκροβολισμοῦ τὸ συνεχὲς καὶ τοῦ κτύπου τὸ <ἀν>-έκλειπτον ὥσπερ τι ἄλλο ἐκπληκτικὸν φαίνεται.

(37.2) μεταξὺ δὲ δὴ τοῦ τε δεξιοῦ κέρως τῆς τάξεως καὶ τῆς προβολῆς τοῖν δυοῖν ἱππέοιν ἐκ τοῦ ἀφανοῦς ἱππῆς ἐκθέουσι, προϊππεύοντες μὲν αὐτοὶ τῆς οἰκείας τάξεως, ἀκοντίζοντες δὲ ἐς τοὺς παριππεύοντας. καὶ τούτοις ἐπ᾽ ἀσπίδα ἡ ἐπίκλισις γίγνεται, καὶ ταύτῃ ἀφρακτότεροι παριππεύουσιν.

(37.3) ἔνθα δὴ καὶ μάλιστα ἀγαθοῦ δεῖ τοῦ ἱππέως, ὡς ὁμοῦ μὲν ἐξακοντίζειν δυνατός τι γίγνηται ἐς τοὺς ἐπελαύνοντας, ὁμοῦ δὲ σκέπειν τὴν δεξιὰν πλευρὰν τῇ προβολῇ τοῦ ὅπλου.

(36.3) In solcher Weise steht die eine Hälfte der Reiter Schild an Schild in Angriffsstellung bereit. Sobald dann das Trompetensignal ertönt, reitet die andere Hälfte an, wobei sie möglichst viele Speere möglichst rasch hintereinander wirft: Zuerst reitet der an Tapferkeit erste (Mann) an, nach diesem der zweite und so fort der Reihe nach ebenso.
(36.4) Die Schönheit des Vorgangs liegt darin, dass ein jeder möglichst rasch hintereinander möglichst viele Speere abschießt, während er mit seinem Pferd gerade anreitet und so gut er kann auf die Schilde der beiden vor das Horn (den Flügel) der »Schildkröte« Vorgetretenen zielt.
(36.5) Nach einem geradlinigem Ansturm wenden sie sich nach der Seite, als ob sie eine Kreisbewegung einschlagen wollten.
(36.6) Diese Drehung erfolgt nach rechts; dabei steht nämlich dem Speerwurf nichts im Weg und die Speerwerfer bleiben beim Angriff durch ihre Türschilde gedeckt.

(37.1) Sie sollen dabei so viele Speere mit sich führen, dass sie während des ganzen Angriffs beim Anreiten werfen können. Der unablässige Beschuss und der unaufhörliche Lärm rufen ein außerordentliches Erschrecken hervor.
(37.2) Zwischen dem rechten Horn dieser Abteilung und den voranstehenden zwei Reitern brechen aus einem Versteck andere Reiter hervor, reiten vor ihre eigene Stellung und werfen Speere auf die Herankommenden. Da sie nach links schwenken müssen, reiten sie recht ungeschützt vorbei.
(37.3) Hierzu muss der Reiter natürlich besonders geschickt sein, um gleichzeitig sowohl gegen die Heranreitenden Speere werfen als auch seine rechte Seite durch Vorhalten des Schildes decken zu können.

(37.4) καὶ ἐν μὲν τῇ παρελάσει ὁ κατὰ δεξιὰν ἐπιστροφὴν ἀκοντισμὸς ἀναγκαῖος αὐτῷ γίγνεται, ἐν δὲ τῇ παντελεῖ ἐπιστροφῇ ὁ πέτρινος δὴ ὀνομαζόμενος τῇ Κελτῶν φωνῇ, ὅς ἐστι πάντων χαλεπώτατος.
(37.5) χρὴ γὰρ ἐπιστραφέντα, ὅση δύναμις μαλακαῖν ταῖν πλευραῖν, ἐς τὸ κατ᾿ οὐρὰν τοῦ ἵππου ὡς ἔνι μάλιστα εὐθὺ ἐς τοὐπίσω ἀκοντίσαι, καὶ τοῦτο δράσαντα ὀξέως αὖ ἐπιστρέψαντα κατὰ νώτου λαβεῖν τὸ ὅπλον, ὅτι τὰ γυμνὰ οὕτω γε παραδίδοται τοῖς πολεμίοις, εἰ ἄνευ προβολῆς ἐπιστρέψειαν.

(38.1) ὁμοῦ δὲ ἥ τε ἐπέλασις ἤδη ἀποπαύεται καὶ οἱ πρόσθεν ἐπελάσαντες ἐν τάξει αὖ ἵστανται ἐπὶ δεξιᾷ τοῦ βήματος, καθάπερ οἱ ἄλλοι ἐν ἀριστερᾷ, καὶ οἱ δύο ἱππῆς διέχοντες ἀπὸ τοῦ κέρως τῆς προβολῆς τὸ ἴσον ἵστανται, καὶ αὖ οἱ μεταξὺ αὐτοῖν τε τούτοιν καὶ τῆς πάσης τάξεως ἐκθέοντες ἐς τὸν αὐτὸν τρόπον ἐξακοντίζουσιν ἐς τοὺς παριππεύοντας. ἔνθα δὴ ὅ τι περ κράτιστον τῶν ἱππέων ἐς τόνδε τὸν ἀκροβολισμὸν ἐπιλέγονται.
(38.2) οἱ μέν γε ἀπὸ τῶν δεξιῶν τοῦ βήματος ἀρχόμενοι οὐδὲν ἄλλο ἢ <τὸ> συνεχὲς τῆς ἀκροβολίσεως καὶ <τὸ> ἐπάλληλον τοῦ κτύπου παρέχονται· οὐδὲ γὰρ ἄλλου τινὸς θέαν παρέχουσι τοῖς ἐπὶ τοῦ βήματος ὁρῶσιν, ἅτε ἀποστρόφου ἀπ᾿ αὐτῶν τῆς δεξιᾶς τῶν ἱππέων ἐν τῇ τοιᾷδε ἐπελάσει γιγνομένης.
(38.3) ὁπότε δὲ ἐκ τῶν ἀριστερῶν ἐπελαύνοιεν, τότε δὴ πᾶς ὁ ἀκροβολισμὸς ἀρίδηλος γίνεται, καὶ τῶν θυρεῶν ἡ προβολή, καὶ ἡ ἐκ τῆς ἀριστερᾶς χειρὸς ἐς τὴν δεξιὰν ὕφεσις τῶν ἀκοντίων ὀξεῖα, καὶ ἡ δεξιὰ ὅπως αὐτὰ ὑπολαβοῦσα καὶ ὑπὲρ τῆς κεφαλῆς περιενεγκοῦσα [*fol.* 195v] ὁμοῦ μὲν ὥσπερ ἐν τροχοῦ περιδινήσει [τὸ ληφθὲν] ἐξηκόντισεν, ὁμοῦ δὲ ὑπέλαβεν τὸ ληφθὲν καὶ

(37.4) Dieser Speerwurf muss nun zwar im Vorbeireiten mit Wendung des Körpers nach rechts ausgeführt werden; derjenige bei völliger Kehrtwendung, der auf Keltisch *petrinos* genannt wird, ist aber der schwierigste von allen.
(37.5) Der Reiter muss sich hierbei nämlich umwenden, dann mit der Kraft, die er in seiner gelenkigen Flanke noch besitzt, über den Schweif des Pferdes hinweg den Speer so gerade wie möglich nach hinten werfen und dann nach erneuter rascher Drehung des Körpers den Schild vor seinen Rücken halten, weil er ja, wenn er sich ungedeckt umwenden würde, den Feinden seine entblößte Körperseite darböte.

(38.1) Sobald der Anritt zu Ende ist, treten jene, die vorher angestürmt sind, rechts von der Tribüne in entsprechender Weise geordnet an, wie die übrigen links davon; jene zwei Reiter, die vor das Horn (den Flügel) der Kampflinie vorgetreten waren, nehmen wieder die gleiche Stellung ein, und auch die zwischen diese beiden und die ganze Abteilung Vorlaufenden werfen in gleicher Weise wiederum Speere auf ihre anstürmenden Reiter. Für diesen Fernbeschuss werden die tüchtigsten Männer unter den Reitern ausgewählt.
(38.2) Jene, die von der rechten Seite der Tribüne herkommen, bieten nichts anderes als fortwährenden Beschuss und ununterbrochenen Lärm, sie können den Zuschauern auf der Tribüne kein anderes Schauspiel zeigen, da ja die rechte Seite der Reiter bei diesem Anritt diesen abgewandt ist.
(38.3) Wenn sie jedoch von der linken Seite heranreiten, dann wird der Vorgang des Beschusses deutlich sichtbar: wie sie sich durch ihre Schilde decken, wie sie die Speere ganz schnell aus der linken Hand in die rechte herübergeben und wie die Rechte sie ergreift, als ob sich ein Rad drehen würde, über dem Kopf schwingt, dann den einen Speer wirft und fast gleichzeitig mit den übrigen ergreift, um auch diesen

τοῦτο αὖ ὑπερενεγκοῦσα ἐξηκόντισεν, ἥ τε καθέδρα ἡ ἐπὶ τοῦ ἵππου αὐτοῦ τοῦ ἱππέως <ὅπως> ἀεὶ εὐσχήμων καὶ ὀρθὴ ἐν τῷ ἀκροβολισμῷ σῴζεται, ταύτῃ μᾶλλον, ὅτι ἐπελαυνόντων ὁρᾶται καὶ τῶν ὅπλων ἡ λαμπρότης καὶ τῶν ἵππων ἡ ὠκύτης τε καὶ τὸ ἐν ταῖς ἐπιστροφαῖς εὐκαμπές, καὶ ὅπως ἐν ἴσοις τοῖς διαστήμασιν αἱ ἐπελάσεις γίγνονται τῶν ἱππέων.

(38.4) αἱ μέν γε ἐπὶ μέγα διαλιποῦσαι αὐτῷ τούτῳ τὸ ξυνεχὲς τοῦ ἀκροβολισμοῦ ἀφανίζουσιν, αἱ δὲ ἄγαν ἐπάλληλοι τῇ ἀκριβείᾳ τῆς θεωρίας ἐμποδὼν ἵστανται τὸ δίκαιον αὐτῆς ἀφαιρούμεναι· τόν τε γὰρ ἀγαθὸν ἱππέα ἐγγὺς αὐτῷ ἐπελαύνων ὁ κακὸς ἤδη ἠφάνισεν, καὶ τοῦ κακοῦ ἄλλος αὖ ἀγαθὸς εὐσχημόνως ἐπιφερόμενος τὴν ἀπρέπειαν συνεσκίασεν.

(38.5) ἀλλὰ χρὴ τοῦ ξυνεχοῦς σῳζομένου τόν τε ἔπαινον τῷ ἀγαθῷ σῷον εἶναι καὶ πρέποντα, καὶ τῷ κακῷ τὸ ὀφειλόμενον ὄνειδος ἀποδίδοσθαι.

(39.1) δὶς δὲ ἀμείψαντες τὰς τάξεις τε καὶ τὰς προβολὰς καὶ τοὺς ἀκροβολισμούς τε καὶ τὰς ἐπιστροφάς, ἐπειδὰν τὴν δευτέραν τε καὶ ἀριστερὰν ἐπέλασιν ποιῶνται, οὐχ ἁπλῶς ἐγκλίναντες ἐπὶ δόρυ καὶ παρὰ τὸ βῆμα παρελάσαντες τοὺς ἵππους ἀπαλλάττονται, ἀλλὰ οἱ ὀξύτατοι αὐτῶν ἐς τὸ ἔργον ὑπολείπονταί σφισιν ἓν ἕκαστος ἀκόντιον, οἱ δὲ ἄκροι καὶ δύο.

(39.2) καὶ ἐπειδὰν πελάσωσι τῷ βήματι παριππεύοντες, ἐς κύκλον μὲν ἐπέστρεψαν τὸν ἵππον, ἔτι δὲ ἐν τῇ ἐπιστροφῇ αὐτοῦ ἔχοντες ἐπὶ τὸ πέρας τοῦ πεδίου λοξὸν ἠκόντισαν, καὶ τοῦτο ὡς ἐπὶ μήκιστόν τε καὶ ὡς μάλιστα κραδαινόμενον χρὴ ἐξικέσθαι.

nach einem Wirbel zu werfen. Der Reiter selbst sitzt hierbei stets in schöner Haltung auf dem Pferd und bewahrt diese auch beim Speerwurf vor allem dafür, dass man hierbei den Glanz seiner Waffen sieht, die Schnelligkeit des Pferdes und dessen Wendigkeit bei den Schwenkungen und nicht zuletzt das Gleichmaß der Abstände, in denen die Anritte erfolgen.
(38.4) Liegen zwischen ihnen nämlich sehr große Abstände, so geht eben dadurch der Eindruck einer ununterbrochenen Folge von Speerwürfen verloren, folgen sie zu rasch aufeinander, so verhindern sie eine genaue Betrachtung und lassen die Leistungen dadurch nicht zu ihrem Recht kommen. Den guten Reiter verdrängte ja der ihm bereits auf den Fersen folgende schlechte aus dem Bewusstsein der Zuschauer, und die Ungeschicklichkeit des schlechten in den Schatten stellte wieder ein anderer guter, der in schöner Haltung heranritt.
(38.5) Es soll jedoch unter Bewahrung der ununterbrochenen Folge dem Guten das verdiente Lob sicher sein und dem Schlechten die gebührende Schmach zuteil werden.

(39.1) Wenn sie nach dem Wechsel von Aufstellung, Anstürmen, Fernwürfen und Abschwenken den zweiten, von links her erfolgenden Anritt unternehmen, entfernen sie sich nicht einfach mit einer Schwenkung zum Speer (nach rechts; s. o. 20.2) an der Tribüne vorbei, sondern die Schnellsten unter ihnen halten sich noch zu einer besonderen Leistung einen Speer zurück, ja die besonders Geschickten sogar zwei.
(39.2) Und wenn sie dann im Vorbeireiten in der Nähe der Tribüne waren, drehten sie ihr Pferd im Kreis und warfen noch während der Drehung schräg zum Rand des Feldes, wobei der Speer möglichst weit und mit möglichst starkem Schwung geworfen werden muss.

(39.3) οἳ δὲ καὶ δύο ὑπολειπόμενοι ἐπειδὰν ἐπελαύνωσιν, ἤδη τὸ ὑπολειφθὲν ὑπὸ τὸν θυρεὸν ἐγκλίναντες ὀλίγον τὴν κεφαλὴν καὶ τὴν δεξιὰν πλευράν, ὡς ἀνυστόν, περιελίξαντες ἐς τοὐπίσω σφῶν ἐξηκόντισαν.

(40.1) ἐπὶ τούτῳ δὲ Κανταβρική τις καλουμένη ἐπέλασις γίνεται, ὡς δοκεῖν ἔμοιγε ἀπὸ Καντάβρων Ἰβηρικοῦ γένους ταύτῃ ὀνομασθεῖσα, ὅτι ἐκεῖθεν αὐτὴν προσεποίησαν σφίσι Ῥωμαῖοι.

(40.2) ἔχει δὲ ὧδε. ἡ προβολὴ μὲν ἡ τῶν ἱππέων, καθάπερ ἐξ ἀρχῆς, ἐν ἀριστερᾷ τοῦ βήματος πεφραγμένη ἐκτέτακται, πλήν γε δὴ τῶν δύο ἱππέων τῶν ἐκδεχομένων τὰ ἐπ᾽ εὐθὺ ἀκόντια.

(40.3) [*fol.* 196[r]] ἐπελαύνουσι δὲ ἀπὸ τῶν δεξιῶν ὥσπερ καὶ τὸ πρόσθεν ἐγκλίνοντες ἐπὶ δόρυ, ἐπελαυνόντων δὲ αὐτῶν ἐν ἀριστερᾷ τοῦ βήματος ἀρξαμένη ἄλλη ἐπέλασις γίγνεται ἐς κύκλον ἐπιστρέφουσα.

(40.4) οἱ δὲ ἱππῆς οὗτοι οὐκ ἀκοντίοις κούφοις διαχρῶνται ἔτι, ἀλλὰ ξυστοῖς δόρασιν, ἀσιδήροις μέν, τῷ βάρει δὲ οὔτε τοῖς ἐξακοντίζουσιν εὐφόροις, οὔτε ἐφ᾽ οὓς ἐκπέμπεται ἀκινδύνοις.

(40.5) καὶ ἐπὶ τῷδε παραγγέλλεται μήτε τοῦ κράνους στοχάζεσθαι τῶν παριππευόντων μήτε ἐς τὸν ἵππον τὸ δόρυ μεθιέναι, ἀλλὰ γὰρ πρὶν ἐγκλῖναι τὸν ἱππέα καὶ παραγυμνῶσαί τι τῆς πλευρᾶς ἢ ἐκφῆναι τοῦ νώτου ἐπιστραφέντα, αὐτοῦ δὴ τοῦ θυρεοῦ στοχαζόμενον ὡς βιαιότατα ἐναράξαι τὸ δόρυ.

(40.6) καὶ τὸ ἀκριβὲς τοῦδε τοῦ ἔργου ἐν τοῖσδ᾽ ἐστίν, εἰ ὡς ἐγγυτάτω τοῖς παριππεύουσι πελάσας ὁ ἐς τὸν Κανταβρικὸν τοῦτον κύκλον καθεστηκὼς ὡς μάλιστα κατὰ μέσου τοῦ θυρεοῦ τὸ δόρυ ἐξακοντίσειεν, τὸ δ᾽

(39.3) Wenn sich aber jene beiden, die sich zurückhielten, näherten, neigten sie den Kopf ein wenig unter den Schild, drehten dann die rechte Schulter möglichst weit nach links und warfen den noch übrigen Speer nach rückwärts ab.

(40.1) Danach erfolgt ein sogenannter kantabrischer Anritt, der mir nach dem iberischen Stamm der Kantabrer benannt zu sein scheint, weil ihn die Römer von dort übernommen haben.
(40.2) Er verläuft so: Wie am Anfang steht die Linie der Reiter dichtgedrängt Schild an Schild zur Linken der Tribüne in Kampfstellung, natürlich mit Ausnahme der zwei Reiter, welche die auf sie geworfenen Speere auffangen.
(40.3) Der Anritt erfolgt von rechts her, wie auch vorher schon mit einer Drehung zum Speer (nach rechts; s. o. 20.2); während dieses Vorgangs beginnt jedoch zur Linken der Tribüne ein anderer, kreisförmiger Anritt.
(40.4) Die daran teilnehmenden Reiter verwenden keine leichten Speere mehr, sondern Lanzenschäfte, die zwar keine eisernen Spitzen haben, aber durch ihr Gewicht weder für die Schleuderer handlich noch für jene ungefährlich sind, auf die gezielt wird.
(40.5) Deshalb wird auch befohlen, weder auf die Helme der Vorbeireitenden zu zielen noch die Lanze auf das Pferd zu werfen, sondern man solle, bevor sich der Reiter wendet und dabei etwas von seiner Seite entblößt oder auch nach der Schwenkung etwas von seinem Rücken zeigt, sich direkt den Schild zum Ziel nehmen und den Speer so kraftvoll wie möglich werfen.
(40.6) Die Übung ist exakt durchgeführt, wenn der zu dieser kantabrischen Kreisbewegung abkommandierte Reiter sich den Vorbeireitenden möglichst stark nähert, seine Lanze möglichst in die Mitte des Türschilds des anderen wirft

ἐμπεσὸν τῷ θυρεῷ κτυπήσειεν ἢ καὶ διέλθοι δι' αὐτοῦ διαμπάξ, καὶ ὁ δεύτερος ἐπὶ τούτῳ τοῦ δευτέρου ἐξίκοιτο, καὶ ὁ τρίτος ὡσαύτως τοῦ τρίτου, καὶ οἱ ἐφεξῆς τῶν ἐφεξῆς ἐν στοίχῳ κατὰ τὰ αὐτά.

(40.7) ὅ τε γὰρ κτύπος ἀμέλει ἐκπληκτικός, καὶ ὁ ἐξελιγμὸς ἐν τῷ τοιῷδε εὐσχήμων φαίνεται, καὶ τοῖς μὲν εὐστοχίας τε καὶ σφοδρότητος ἐν τῷ ἀκοντισμῷ μελέτη γίγνεται, τοῖς δὲ ἀσφαλείας τε καὶ φυλακῆς πρὸς τοὺς ἐπιόντας.

(40.8) ἐπὶ τούτοις δὲ τῆς συνεχείας τοῦ ἐξακοντισμοῦ μελέτη τε καὶ ἐπίδειξις ποιεῖται ἐκ τῶν ἱππέων οὐ πάντων – οὐ γὰρ πάντες ἐπιτήδειοι ἐς τήνδε τὴν ὀξύτητα –, ἀλλὰ γὰρ ὅσοι αὐτῶν ἄκροι ἐς ἱππικὴν οὗτοι

(40.9) καθιστᾶσι μὲν τοὺς ἵππους, ἐν δεξιᾷ ἔχοντες ἄκρον τὸ βῆμα, ἐκεῖθεν δὲ ἀτρέμα προϊόντος τοῦ ἵππου ἔστε ἐπὶ τὴν ὀφρῦν τοῦ ἐσκαμμένου χωρίου, χρὴ ὡς πλεῖστα καὶ ὡς συνεχέστατα καὶ ὡς ἐπὶ μήκιστόν τε καὶ ἐς τὸ ἀνώμαλον καὶ ἅμα κραδαινόμενα μεθιέναι.

(40.10) καὶ ἀγαθὸς μὲν ὅστις πεντεκαίδεκα ἀκόντια μεθιέναι ὡς χρὴ πρὶν ἐκβῆναι τοῦδε τοῦ χωρίου τὸν ἵππον ἐξήνυσεν.

(40.11) πολὺ δὲ τούτου ἐνδικώτερον ἐπαινοῖτο ἂν ὅστις καὶ ἐς τὰ εἴκοσι προύβη. ὡς τό γε ὑπὲρ ταῦτα οὐκέτι τῆς ἀκριβείας ἐχομένων γίγνεται, ἀλλὰ κλεπτόντων τὸ πολὺ κατὰ τὴν στάσιν τοῦ ἵππου ἐπὶ πλεῖον γιγνομένην, ὡς ἔτι ἑστηκότος φθάσαι δύο ἢ τρία ἀκοντίσαι, ἢ ὑπερβάντος τὴν ὀφρῦν [*fol.* 196^{v}] τοῦ ἐσκαμμένου.

und diese beim Aufschlag einen dröhnenden Laut erzeugt oder den Schild sogar durchschlägt, wenn dann der zweite Mann den Schild des nächsten trifft, der dritte ebenso den des dritten und in gleicher Weise die übrigen der Reihe nach, die gegen die nacheinander herankommenden Gegner anreiten.

(40.7) Der Lärm ist dabei gewiss erschreckend, das Wendemanöver tritt bei diesem Anreiten eindrucksvoll hervor und die einen üben sich beim Lanzenwurf in der Treffsicherheit und Schnelligkeit, die anderen in der Standfestigkeit und Deckung gegenüber den Anreitenden.

(40.8) Sogleich danach wird als Schauspiel eine Übung ununterbrochener Speerwürfe durchgeführt, freilich nicht von allen Reitern – nicht alle sind nämlich für solche Schnelligkeit geeignet –, sondern von den in der Reitkunst besonders Gewandten unter ihnen.

(40.9) Diese stellen ihre Pferde direkt links neben der Tribüne auf. Es gilt dann, während das Pferd von dort ruhig bis an den Rand der aufgegrabenen Fläche (s. o. 34.1) trabt, möglichst viele Speere möglichst rasch hintereinander möglichst weit, doch zugleich mit Schwung in das nicht geebnete Gebiet zu werfen.

(40.10) Ein guter Mann ist, wer 15 Speere zu werfen vermochte, bevor das Pferd diese Fläche durchschritten hat.

(40.11) Mit noch weit größerem Recht als bei diesem ist jedoch Lob am Platz, wenn jemand an die 20 Würfe schafft. Leistungen, die darüber hinausgehen, erfolgen nicht mehr unter Einhaltung der Regeln, sondern durch Schwindel, und zwar zumeist während verlängerten Stillhaltens des Pferdes, etwa wenn, während es noch steht, schon zwei oder drei Speere geworfen werden oder der Rand des aufgegrabenen Feldes überschritten wird.

(40.12) ἀλλ᾽ ἔγωγε πολὺ μᾶλλον ἐπαινῶ τὸ ἐννόμως δρώμενον ἤπερ τὸ ἐς ἔκπληξιν τῶν ὁρώντων σοφιζόμενον.

(41.1) ἐνθένδε ἤδη ὡς ἐς μάχην ὁπλίζονται θώραξί τε σιδηροῖς καὶ κράνεσι καὶ θυρεοῖς οὐ τοῖς κούφοις ἔτι.
(41.2) καὶ πρῶτα μὲν αἱ τάξεις σπουδῇ ἐπελαύνουσι τοὺς ἵππους· μίαν δὲ λόγχην φέροντας, τήνδε πρὶν πελάσαι τῷ βήματι χρὴ ὡς οἷόν τε κραδαινομένην τε καὶ ἅμα ἐπανακτυποῦσαν ἐξακοντίσαι τοῦ σκοποῦ στοχαζομένους, ὃς δὴ ἐν ἀριστερᾷ τοῦ βήματος ἐπ᾽ αὐτῷ τούτῳ τῷ ἔργῳ πέπηγεν.
(41.3) καὶ ὅσοι γε ἀγαθοὶ αὐτῶν, καὶ δεύτερον ἐπελαύνουσιν οὗτοι καὶ τρίτον, οὐ πρὸς ἀνάγκην ἀλλ᾽ αὐτῷ τῷ τε ἔργῳ καὶ τῷ ἐξ αὐτοῦ ἐπαίνῳ ἀγαλλόμενοι.
(41.4) ἡ δευτέρα δὲ ἐπέλασις ξὺν δυοῖν λόγχαιν γίγνεται, καὶ ταύτας χρὴ ἐξακοντίσαι ὀρθῷ ἐπελαύνοντα τῷ ἵππῳ ὡς μάλιστα οἷόν τε ἐπίσκοπα.

(42.1) ἐπὰν δὲ ἐκπεριέλθῃ καὶ τοῦδε τοῦ ἀκοντισμοῦ τὸ ἑκούσιον, ἐνταῦθα δὴ ὅσοι ἀγαθοὶ στρατιᾶς ἡγεμόνες, ὀνομαστὶ ἀνακαλεῖσθαι κελεύουσι πάντας ἐφεξῆς τοὺς ἱππέας, δεκαδάρχην πρῶτον καὶ διμοιρίτην ἐπὶ τούτῳ καὶ ὅστις ἐν ἡμιολίῳ μισθοφορᾷ, ἔπειτα τοὺς ἐφεξῆς τῆς δεκαδαρχίας. καὶ οὕτως διὰ πασῶν τῶν δεκαδαρχιῶν ἡ κλῆσις γίγνεται.
(42.2) τὸν κληθέντα δὲ χρὴ ὁμοῦ μὲν ὑπακοῦσαι τῷ καλοῦντι μεγάλῃ τῇ βοῇ ὅτι »πάρειμι«, ὁμοῦ δ᾽ ἐξελαύνειν τὸν ἵππον τρεῖς λόγχας φέροντα. καὶ τὴν μὲν πρώτην ἀπὸ ἄκρου τοῦ χωρίου τοῦ ἐσκαμμένου ἐξακοντίζειν ὡς ἐπὶ τὸν σκοπόν, τὴν δευτέραν δὲ ἀπὸ αὐτοῦ τοῦ βήματος, καὶ

(40.12) Ich aber lobe mehr die mit regelrechten Mitteln erzielte Leistung als Schwindeleien zum Erstaunen der Zuschauer.

(41.1) Hierauf rüsten sich die Reiter wie zur Schlacht mit eisernen Panzern, Helmen und Schilden, und zwar nicht mehr mit dem leichten.
(41.2) Zuerst reiten sie abteilungsweise der Reihe nach vor, jeder Reiter mit einer Lanze, die er, noch bevor er die Tribüne erreicht hat, mit möglichst starkem Schwung und zugleich geräuschvoll auf eine Marke zielend wirft, die zur Linken der Tribüne für eben diese Tat aufgestellt ist.
(41.3) Die von ihnen, die gut sind, reiten noch ein zweites und drittes Mal heran, keineswegs gezwungenermaßen, sondern stolz auf ihre Leistung und den sich daraus ergebenden Ruhm.
(41.4) Der zweite Anritt erfolgt mit zwei Lanzen, die jeder während des geradlinigen Ansturms des Pferdes werfen muss, so zielsicher er kann.

(42.1) Wenn die freiwillige Fortsetzung auch dieses Beschießens vorüber ist, lassen tüchtige Heerführer alle Reiter der Reihe nach namentlich aufrufen: zuerst den *Dekadarches* (lat. *Decurio*), dann den *Dimoirites* (lat. *Duplicarius*), und dann diejenigen, die für den anderthalbfachen Sold dienen (lat. *Sesquiplicarii*), schließlich nacheinander die übrigen Leute der *Dekadarchia* (lat. *Turma*). Und auf diese Weise erfolgt der namentliche Aufruf durch alle *Dekadarchiai* hindurch.
(42.2) Der Gerufene muss, wenn er seinen Namen gehört hat, sogleich mit lauter Stimme »Bin da!« rufen und mit drei Lanzen anreiten. Die erste wirft er vom Rand des aufgegrabenen Feldes aus möglichst auf das Ziel, die zweite im Bereich der Tribüne ebenfalls noch vom geradlinig an-

ταύτην ἔτι ὀρθῷ τῷ ἵππῳ· τὴν τρίτην δέ, εἰ τὰ ἔννομα καὶ πρὸς βασιλέως τεταγμένα δρῴη, ἐγκλίνοντος ἐπὶ δεξιὰ τοῦ ἵππου, ἐς τὸν ἄλλον σκοπόν, ὃς ἐπ᾽ αὐτῷ δὴ τούτῳ κατὰ πρόσταξιν βασιλέως ἐς ἐκδοχὴν τῆς τρίτης λόγχης ἵστα<ται>.

(42.3) ἥδ᾽ ἔστιν ἡ βολὴ πασῶν χαλεπωτάτη, εἴ πως πρὶν πάντη ἀποστραφῆναι τὸν ἵππον, ἐν αὐτῇ ἔτι τῇ ἐπικαμπῇ γίγνοιτο.

(42.4) ἡ γὰρ δὴ ξύνημα τῇ Κελτῶν φωνῇ καλουμένη τούτῳ δὴ ἄφεσις γίγνεται, ἥπερ οὐδὲ ἀσιδήρῳ ἀκοντίῳ εὐμαρὴς ἀκοντίζεσθαι. ἤδη δέ τις ὑπὸ ὀξύτητός τε καὶ φιλοτιμίας καὶ τέσσαρας λόγχας ὀρθῷ τῷ ἵππῳ ἐπὶ τὸν πρῶτον σκοπὸν ἐξακοντίσαι ἤνυσεν, ἢ τὰς τρεῖς μὲν ὀρθῷ τῷ ἵππῳ, τὴν τετάρτην δὲ ἐπιστρέφοντι, ὡς βασιλεὺς ἔταξεν.

(42.5) ἔνθα δὴ ὅ τε ἀγαθὸς ἀκοντιστὴς καὶ ὁ κακὸς [*fol.* 197r] μάλιστα πάντων διαφαίνεται, ἅτε οὐκ ἐν στοίχῳ ἀδιακρίτῳ οὐδὲ ἐν θορύβῳ δρωμένου τοῦ ἔργου. καὶ ἥτις <ἂν τάξις> τοὺς πλείστους παράσχοιτο ἐν τῶν λογχῶν τῇ βολῇ διαπρέποντας, ταύτην ἐγὼ μᾶλλον ἤ τινα ἄλλην ἐπῄνεσα, ὡς πρὸς ἀλήθειαν τῶν πολεμικῶν ἔργων ἠσκημένην.

(43.1) ἐπὶ τούτῳ μέντοι ἤδη πολύτροποι ἐξακοντισμοὶ γίγνονται ἢ κούφων λίθων ἢ καὶ βελῶν, οὐκ ἀπὸ τόξου τούτων γε ἀλλ᾽ ἀπὸ μηχανῆς ἀφιεμένων, ἢ λίθων ἐκ χειρὸς ἢ ἐκ σφενδόνης ἐπὶ τὸν σκοπόν, ὃς μέσος τοῖν δυοῖν, ὧν ἤδη μνήμην ἐποιησάμην, ἵσταται. καὶ ἐνταῦθα αὖ καλόν, εἰ συντρίψειαν τοῖς λίθοις τὸν σκοπόν, ὃ δὲ τύχοι οὐκ εὐμαρὴς ξυντριβῆναι.

stürmenden Pferd aus, die dritte jedoch – wenn er die auf einer Anordnung des Kaisers beruhende Vorschrift erfüllen will – in einer Rechtsdrehung des Pferdes gegen ein anderes Ziel, das zu diesem Zweck, eben zur Aufnahme der dritten Lanze, auf Befehl des Kaisers aufgestellt wurde.
(42.3) Der schwierigste aller Würfe ist derjenige, der noch in der Drehbewegung selbst geschieht, bevor sich das Pferd völlig gewendet hat.
(42.4) Auf solche Weise nämlich wird der in der keltischen Sprache *xynema* genannte Wurf ausgeführt, der selbst mit einem Speer ohne Eisenspitze nicht leicht ist. Doch gab es bereits Leute, die infolge ihrer Schnelligkeit und aus Ehrgeiz vier Lanzen vom gerade anreitenden Pferd aus treffsicher auf das erste Ziel zu werfen vermochten, oder drei vom anreitenden und die vierte vom sich drehenden Pferd, wie es der Kaiser befohlen hat.
(42.5) Hier am allermeisten erweisen sich der gute und der schlechte Speerwerfer, da die Leistung ja nicht in einer gleichförmigen Reihe oder im Getümmel vollbracht wird. Und ich lobte vor allen anderen diejenige Einheit, welche die größte Zahl ausgezeichneter Lanzenwerfer aufwies, als eine im Hinblick auf die militärische Wirklichkeit ausgebildete Einheit.

(43.1) Im Anschluss daran erfolgen noch vielfältige Wurfübungen mit leichten Wurfspießen oder mit Geschossen, die nicht mit dem Bogen, sondern mittels Maschinen geworfen werden, oder mit Steinen, die mit der Hand oder einer Schleuder gegen ein Ziel geworfen werden, das zwischen den beiden schon erwähnten aufgestellt wird. Und hierbei wiederum gilt es als schön, wenn die Soldaten das Ziel mit den Steinen zertrümmern, was aber nicht leicht zu bewerkstelligen ist.

(43.2) οὐ μὴν οὐδὲ ἐπὶ τοῖσδε λήγει αὐτοῖς τὰ γυμνάσια, ἀλλὰ κοντοὺς γὰρ τὰ μὲν πρῶτα ὀρθοὺς ὡς εἰς προβολὴν φέροντες ἐπελαύνουσιν, ἔπειτα ὡς πολεμίου φεύγοντος ἐξικόμενοι· οἳ δὲ ὡς ἐπ᾽ ἄλλον πολέμιον ἐν τῇ ἐπιστροφῇ τοῦ ἵππου τούς τε θυρεοὺς ὑπὲρ τὴν κεφαλὴν αἰωρήσαντες ἐς τὸ κατόπιν σφῶν μετήνεγκαν, καὶ τοὺς κοντοὺς ὑπερελίξαντες ὡς ἐπελαύνοντος ἄλλου πολεμίου ἐξίκοντο. καὶ τὸ ἔργον τοῦτο Κελτιστὶ τολούτεγον καλεῖται.

(43.3) καὶ ἐπὶ τῷδε αὖ τὰς σπάθας σπασάμενοι ἄλλοτε ἐς ἄλλην πληγὴν παραφέρουσιν, ὅπως μάλιστα οἷόν τε, ἢ φεύγοντος πολεμίου ἐξικέσθαι ἢ πεσόντα κατακτανεῖν ἢ καὶ πρᾶξαί τι ἐκ πλαγίων παραθέοντες. ἐπὶ τούτοις μέντοι πηδήσεις ἐπὶ τοὺς ἵππους ὡς ἕνι ποικιλωτάτας ποιοῦνται, ὅσαις ἰδέαις καὶ ὅσοις σχήμασιν ἀναβαίνεται ἵππος ὑπὸ ἱππέως·

(43.4) καὶ τελευταίαν δὴ τὴν ἐνόπλιον πήδησιν ἐπιδεικνύουσι θέοντος τοῦ ἵππου, ἥν τινες ὁδοιπορικὴν ὀνομάζουσιν.

(44.1) ταῦτα μὲν τοῖς Ῥωμαίων ἱππεῦσι τὰ ξυνήθη τε καὶ ἐκ παλαιοῦ ἀσκούμενα· βασιλεὺς δὲ προσεξεῦρεν καὶ τὰ βαρβαρικὰ ἐκμελετᾶν αὐτούς, ὅσα τε ἢ Παρθυαίων ἢ Ἀρμενίων ἱπποτοξόται ἐπασκοῦσι καὶ ὅσας οἱ Σαυροματῶν ἢ Κελτῶν κοντοφόροι ἐπιστροφάς τε καὶ ἀποστροφάς, τῶν ἱππέων ἐν μέρει ἐπελαυνόντων, καὶ ἀκροβολισμοὺς ἐν τούτῳ πολυειδεῖς καὶ πολυτρόπους ἐς τὰς μάχας ὠφελίμους, καὶ ἀλαλαγμοὺς πατρίους ἑκάστῳ γένει, Κελτικοὺς μὲν τοῖς Κελτοῖς ἱππεῦσι, Γετικοὺς δὲ τοῖς Γέταις, Ῥαιτικοὺς δὲ ὅσοι ἐκ Ῥαιτῶν.

(43.2) Die Vorführungen hören jedoch auch hiermit noch nicht auf, sondern es reiten Krieger mit Lanzen heran, die sie zuerst wie in Ausfallstellung nach vorne gesenkt halten und später wie beim Einholen eines fliehenden Feindes; andere werfen bei einer Wendung des Pferdes wie gegen einen anderen Feind ihre Schilde über den Kopf und auf den Rücken, drehen die Lanzen über dem Kopf herum und gehen gegen einen als angreifend angenommenen anderen Gegner vor. Diese Aufgabe heißt auf Keltisch *toloutegon*.
(43.3) Danach ziehen sie ihre Schwerter und teilen immer und immer wieder Schläge aus, so sehr sie können, entweder um einen fliehenden Feind einzuholen oder einen gestürzten zu töten oder um im Vorbeieilen einen Schlag aus der Seite heraus zu führen. Daraufhin veranstalten sie ein möglichst abwechslungsreiches Aufspringen auf die Pferde, in allen Formen und Arten, wie ein Pferd nur immer von einem Reiter bestiegen werden kann;
(43.4) schließlich wird der Aufsprung in voller Rüstung auf ein laufendes Pferd gezeigt, den manche »Laufsprung« nennen.

(44.1) Das sind die traditionellen und aus alter Zeit übernommenen Übungen für die römischen Reiter. Der Kaiser befahl jedoch darüber hinaus, auch die bei den Barbaren üblichen Manöver zu üben, wie sie die berittenen Bogenschützen der Parther und Armenier ausüben, ferner die bei den Lanzenträgern der Sarmaten und Kelten üblichen Hin- und Rückschwenkungen, bei denen die Reiter abteilungsweise agieren, und dabei vielfältige und verschiedenartige Fernwürfe, die für Schlachten vorteilhaft sind, sowie Schlachtrufe, die in jedem Stamm ererbt sind: keltische für die keltischen Reiter, getische für die Geten und rätische für alle aus Rätien.

(44.2) καὶ τάφρον δὲ διαπηδᾶν μελετῶσιν αὐτοῖς οἱ ἵπποι καὶ τειχίον ὑπεράλλεσθαι, καὶ ἑνὶ λόγῳ, οὐκ ἔστιν ὅ τι Ῥωμαίοις τῶν τε παλαιῶν ἐπιτηδευμάτων, ὅ τι περ ἐκλελειμμένον, οὐκ ἐξ ὑπαρχῆς ἐπασκεῖται, καὶ ὅσα [*fol.* 197ᵛ] ἤδη προσεξεύρηται ἐκ βασιλέως, τὰ μὲν ἐς κάλλος τὰ δὲ ἐς ὀξύτητα, τὰ δὲ ἐς ἔκπληξιν τὰ δὲ ἐς χρείαν τὴν ἐπὶ τῷ ἔργῳ.

(44.3) ὥστε ἐς τήνδε τὴν παροῦσαν βασιλείαν, ἣν Ἀδριανὸς εἰκοστὸν τοῦτ᾽ ἔτος βασιλεύει, πολὺ μᾶλλον ξυμβαίνειν μοι δοκεῖ τὰ ἔπη ταῦτα ἤπερ ἐς τὴν πάλαι Λακεδαίμονα

> ἔνθ᾽ αἰχμά τε νέων θάλλει καὶ μῶσα λίγεια,
> καὶ δίκα εὐρυάγυια καλῶν ἐπιτάρροθος ἔργων.

[Ἀρριανοῦ τέχνη τακτική]

(44.2) Auch einen Graben und eine kleine Mauer zu überspringen bemühen sich die Pferde, mit einem Wort, es gibt nichts von alten Übungen – mag manches davon auch vorübergehend vergessen worden sein –, was die Römer nicht von Neuem aufgegriffen hätten und was der Kaiser zu trainieren nicht noch darüber hinaus angeordnet hätte, teils zur Demonstration von Schönheit und Schnelligkeit, teils um des Erstaunens willen oder auch zum tatsächlichen Nutzen.

(44.3) Deshalb scheinen mir auf die gegenwärtige Herrschaft, welche Hadrian jetzt im 20. Jahr innehat, viel mehr als auf das alte Lakedaimon (Sparta) folgende Verse zu passen:

> Hier prangt der Jugend Speer und die tönende Muse
> und auf der Straße das Recht, die Hilfe zu gutem Gelingen.
> (Terpandros *Frg.* 7 Campbell;
> vgl. Plutarch, *Lykurgos* 21.3)

(Zur *subscriptio* s. o. S. 17.)

[*fol.* 132r]

ΑΣΚΛΗΠΙΟΔΟΤΟΥ ΦΙΛΟΣΟΦΟΥ

ΤΑΚΤΙΚΑ ΚΕΦΑΛΑΙΑ

α'. περὶ τῆς φαλάγγων διαφορᾶς
β'. περὶ τοῦ ἀριθμοῦ καὶ τῆς ὀνομασίας τῶν μερῶν τῆς φάλαγγος τῶν ὁπλιτῶν
γ'. περὶ διατάξεως τῶν ἀνδρῶν τῆς τε καθ' ὅλην τὴν φάλαγγα καὶ τῆς κατὰ μέρη
δ'. περὶ διαστημάτων αὐτῶν
ε'. περὶ τῶν ὅπλων τῆς τε συμμετρίας καὶ τοῦ εἴδους
ς'. περὶ τῆς τῶν ψιλῶν τε καὶ πελταστῶν φάλαγγος καὶ τῆς τῶν μερῶν ταξεώς τε καὶ ὀνομασίας
ζ'. περὶ τῆς τῶν ἱππέων φάλαγγος καὶ τῶν ὀνομασιῶν τῆς τε ὅλης καὶ τῶν μερῶν
η'. περὶ ἁρμάτων
θ'. περὶ ἐλεφάντων
ι.' περὶ τῶν κοινῇ κατὰ τὴν κίνησιν ὀνομασιῶν
ια'. περὶ τῶν ἐν ταῖς πορείαις σχηματισμῶν τῶν κατὰ συντάγματα
ιβ'. περὶ τῶν κατὰ τὴν κίνησιν αὐτῶν προσταγμάτων

DES PHILOSOPHEN ASKLEPIODOTOS

KAPITEL ZUR TAKTIK

1. Über die Varianten von Phalangen
2. Über die Zahl und Benennung der Teile der Hopliten-Phalanx
3. Über die Verteilung der Männer in der ganzen Phalanx und ihren Teilen
4. Über deren Abstände
5. Über die Maßverhältnisse der Waffen und ihre Arten
6. Über die Phalanx der Leichtbewaffneten und Peltasten und die Stellung von deren Teilen und Benennung
7. Über die Phalanx der Reiter und die Benennungen ihrer Gesamtheit und der Teile
8. Über Wagen
9. Über Elefanten
10. Über die Benennungen der gemeinsam durchgeführten Bewegungen
11. Über die Formationen auf den Märschen nach Einheiten
12. Über die Befehle für deren Bewegung

[*fol.* 132ᵛ]

ΤΕΧΝΗ ΤΑΚΤΙΚΗ

α'. περὶ τῆς φαλάγγων διαφορᾶς

(1.1) τῆς τελείας παρασκευῆς πρὸς πόλεμον διττῆς οὔσης, χερσαίας τε καὶ ναυτικῆς, περὶ τῆς χερσαίας τὰ νῦν λεκτέον. ταύτης τοίνυν τὸ μέν ἐστι μάχιμον, τὸ δ' εἰς τὴν τούτου χρείαν ὑπηρετοῦν, οἷον ἰατρῶν καὶ σκευοφόρων καὶ τῶν ὁμοίων. τοῦ δὲ μαχίμου τὸ μέν ἐστι πεζόν, τὸ δ' ὀχηματικόν· τὸ μὲν γὰρ ποσὶ χρῆται πρὸς τὴν μάχην, τὸ δ' ἐπί τινος ὀχεῖται.
(1.2) τοῦ δὲ δὴ πεζοῦ τὸ μέν ἐστιν ὁπλιτῶν σύστημα, τὸ δὲ πελταστῶν, τὸ δὲ τῶν καλουμένων ψιλῶν. τὸ μὲν οὖν τῶν ὁπλιτῶν ἅτε ἐγγύθεν μαχόμενον βαρυτάτῃ κέχρηται σκευῇ – ἀσπίσι τε γὰρ μεγίσταις καὶ θώραξι καὶ ταῖς κνημῖσι σκέπεται – καὶ δόρασι μακροῖς κατὰ τὸν ῥηθησόμενον Μακεδόνιον τρόπον· τὸ δὲ τῶν ψιλῶν τούτοις ἀπ' ἐναντίας κουφοτάτῃ κέχρηται τῇ σκευῇ διὰ τὸ πόρρωθεν βάλλειν, οὔτε προκνημῖσιν οὔτε θώραξι κεκοσμημένον, ἀκοντίοις δὲ καὶ σφενδόναις καὶ ὅλως τοῖς ἐξ ἀποστήματος λεγομένοις τοξεύμασιν. τούτων δ' ἐν μέσῳ πώς ἐστι τὸ πελταστικὸν σύστημα· ἥ τε γὰρ πέλτη μικρά τίς ἐστιν ἀσπιδίσκη καὶ κούφη, τά τε δόρατα πολὺ τῶν ὁπλιτῶν μεγέθει λειπόμενα.
(1.3) κατὰ τὰ αὐτὰ δὴ καὶ τῆς ὀχηματικῆς δυνάμεως τρεῖς εἰσι διαφοραί· ἡ μὲν γάρ ἐστιν ἱππική, ἡ δὲ δι' ἁρμάτων ἐπιτελεῖται, ἡ τρίτη δὲ δι' ἐλεφάντων· ἀλλ' ἁρμάτων τε

KUNST DER TAKTIK

1. Über die Varianten von Phalangen

(1.1) Die vollständige Rüstung zum Krieg ist zweifach: Land- und Flottenstreitkräfte. Nun ist über die Landstreitkraft zu sprechen. Von dieser also sind die einen Kampftruppen, die anderen Hilfseinheiten zu deren Nutzen, etwa Ärzte, Trossknechte und ähnliche. Von den Kampftruppen sind die einen Fußsoldaten, die anderen auf Transportern; die Fußsoldaten werden zu Fuß in die Schlacht kommen, die anderen auf einem Transporter gebracht.
(1.2) Von den Fußsoldaten ist die eine Aufstellung die von Hopliten, die andere die der Peltasten, die dritte die der sogenannten Leichtbewaffneten (s. o. S. 18). Die der Hopliten nutzt, weil sie dicht (am Feind) kämpft, die schwerste Ausrüstung – sie wird von den größten Schilden, Brustpanzern und Beinschienen geschützt – und lange Speere nach der sogenannten makedonischen Art. Die der Leichtbewaffneten nutzt im Gegensatz zu diesen die leichteste Ausrüstung, da sie von ferne werfen; sie sind also weder mit Beinschienen noch mit einem Brustpanzer ausgestattet, sondern mit Wurfgeschossen, Schleudern und insgesamt den sogenannten Ferngeschossen. In der Mitte zwischen diesen ist wohl die Aufstellung der Peltasten; die *Pelte* (s. o. S. 18) ist nämlich ein kleines und leichtes Schildchen und die Lanzen sind an Länge weit geringer als die der Hopliten.
(1.3) Ebenso gibt es von der Transporter-Streitmacht drei unterschiedliche Arten: Die eine ist die Reiterei, die zweite verrichtet ihre Aufgabe auf Wagen, die dritte auf Elefanten. Da aber die mit Wagen und Elefanten für die Schlacht nicht

πέρι καὶ ἐλεφάντων ὡς οὐκ εὐφυῶν εἰς μάχην ὁ λόγος εἰς ὕστερον ἀναβεβλήσθω· τὴν δὲ ἱππικὴν ὡς πολλὴν καὶ παρὰ πολλοῖς καιροῖς χρησιμωτέραν ταῖς μάχαις νῦν διελοῦμεν· ἔστι γὰρ αὐτῆς εἴδη τρία, τὸ μὲν τὸ ἐγγύθεν μαχόμενον, τὸ δὲ πόρρωθεν, τὸ δὲ μέσον. καὶ τὸ μὲν ἐγγύθεν ὁμοίως βαρυτάτῃ κέχρηται σκευῇ, τούς τε ἵππους καὶ τοὺς ἄνδρας πανταχόθεν θώραξι περισκέπον, μακροῖς μὲν τὸ χρώμενον καὶ αὐτὸ τοῖς δόρασιν, δι᾽ ὃ καὶ δορατοφόρον τοῦτο καὶ ξυστοφόρον προσαγορεύεται, ἢ θυρεοφόρον, ὅτ᾽ ἂν καὶ ἀσπίδας ἔνιοι φορῶσι παραμήκεις διὰ τὸ συνεπισκέπεσθαι καὶ τὸν ἵππον. τὸ δὲ πόρρωθεν μαχόμενον τοξοτῶν τε καὶ Σκυθῶν λέγεται· μέσον δὲ τὸ τῶν καλουμένων ἀκροβολιστῶν, οἳ δὴ τοῖς ἄκροις ἐπικοινωνοῦντες οἱ μὲν τόξοις, οἱ δὲ ἀκοντίοις μάχονται, καὶ τῇ ἄλλῃ χρώμενοι σκευῇ οἱ μὲν οὕτως, οἱ δὲ ἐκείνως· ὧν μὲν ἔνιοι μετὰ [*fol.* 133r] τὴν ἀκόντισιν ἐγγύθεν μάχονται, οὓς ἰδίως ἐλαφροὺς ὀνομάζουσιν· ὅτ᾽ ἂν δὲ πόρρωθεν ἀκοντίζωσι μόνον, Ταραντίνους.

(1.4) εἰσὶν οὖν αἱ πᾶσαι τῶν τάξεων διαφοραὶ αἵδε, ὧν ἑκάστη φάλαγξ προσαγορεύεται περιέχουσα συστήματα κατὰ ἀριθμὸν ἐπιτήδειον καὶ ἡγεμόνας αὐτῶν πρὸς τὸ ῥᾳδίως ποιεῖν τὰ παρακελευόμενα πρὸς τὴν ἐφήμερον γυμνασίαν τε καὶ ἄσκησιν τῆς πορείας καὶ στρατοπεδεύσεως καὶ παρατάξεως καὶ πρὸς τοὺς ἐπ᾽ ἀληθείας ἀγῶνας.

von großem Nutzen sind, soll dieser *Logos* (Wort und Werk) auf später (s. u. 8–9) verlegt werden; die Reiterei aber, die zahlreich und bei vielen Gelegenheiten in den Schlachten nützlicher ist, wollen wir nun erörtern. Es gibt nämlich drei Arten, die Kampftruppe aus der Nähe, die von ferne und die in der Mitte. Die aus der Nähe nutzt die schwerste Rüstung; die Pferde und die Männer sind allseits durch Panzer geschützt; lange Lanzen werden von diesen auch selbst genutzt, weshalb sie sowohl *Doratophoroi* (Speerträger) als auch *Xystophoroi* (Lanzenträger) genannt werden, oder *Thyreophoroi* (Türschildträger), weil einige längliche (Tür-) Schilde tragen, damit auch das Pferd zusammen mit ihnen geschützt wird. Die (Kampftruppe) von ferne heißt sowohl die der Bogenschützen als auch die der Skythen. Die mittlere (Kampftruppe) ist die der sogenannten *Akrobolistai* (s. o. S. 18), die von ferne teilnehmen – die einen mit Pfeilen, die anderen mit Wurfspeeren –, wobei sie eine unterschiedliche Ausrüstung nutzen, die einen so, die anderen anders: Von diesen kämpfen manche nach dem Werfen aus der Nähe; diese nennt man speziell *Elaphroi* (Leichte), wenn sie aber nur von ferne werfen, Tarentiner.

(1.4) Es sind dies also alle Varianten der Abteilungen, nach denen jede Phalanx benannt wird, die nach der Zahl passende Einheiten hat und ihre Anführer für das leichte Übermitteln der Befehle für das tägliche Training hat, für die Übung des Marschierens, Lageraufschlagens und Danebenstellens (s. u. 2.4) sowie für die eigentlichen Schlachten.

β'. περὶ μερῶν τῆς φάλαγγος τῶν ὁπλιτῶν τῆς τε ὀνομασίας αὐτῶν καὶ τοῦ ἀριθμοῦ

(2.1) ἀναγκαῖον δὲ πρῶτον τὴν φάλαγγα καταλοχίσαι· τοῦτο δέ ἐστι καταμερίσαι εἰς λόχους. ὁ δὲ λόχος ἐστὶν ἀριθμὸς ἀνδρῶν εἰς σύμμετρα διαιρῶν τὴν φάλαγγα· σύμμετρα δέ ἐστι τὰ τιθέμενα μέρη, ἃ μηδὲν τὴν φάλαγγα πρὸς τὴν μάχην λυμαίνεται· δι᾽ ὃ τὸν ἀριθμὸν τοῦ λόχου οἱ μὲν ὀκτώ, οἱ δὲ δέκα, οἱ δὲ δυοκαίδεκα ἀνδρῶν πεποιήκασιν, ἕτεροι δὲ ἑξκαίδεκα πρὸς τὸ συμμέτρως ἔχειν τὴν φάλαγγα εἴς τε τὸ διπλασιάσαι πρὸς τὰς ῥηθησομένας χρείας ἐπὶ δύο καὶ τριάκοντα ἄνδρα καὶ εἰς τὸ συναιρεῖσθαι εἰς ἥμισυ ἐπ᾽ ἄνδρας ὀκτώ· οὐδὲν γὰρ ἔμποδον ἔσται τοῖς ὄπισθεν μαχομένοις ψιλοῖς ἀκοντίζουσιν ἢ σφενδονῶσιν ἢ καὶ τοξεύουσιν· ὑπερβήσονται γὰρ τὸ τῆς φάλαγγος βάθος.
(2.2) ἐκαλεῖτο δὲ ὁ λόχος πάλαι καὶ στίχος καὶ συνωμοτία καὶ δεκανία, καὶ ὁ μὲν ἄριστος καὶ ἡγεμὼν τοῦ στίχου λοχαγός, ὁ δὲ ἔσχατος οὐραγός· ὕστερον δὲ μεταταχθεὶς ὁ στίχος διαφόρους ἔσχεν τῶν μερῶν ἐπωνυμίας· τό τε γὰρ ἥμισυ ἡμιλόχιον ὠνόμασται καὶ διμοιρία, τὸ μὲν ὡς πρὸς τὸ τῶν δεκαὲξ ἀνδρῶν πλῆθος, τὸ δὲ ὡς πρὸς τὸ τῶν δώδεκα, καὶ ὁ ἡγεμὼν ἡμιλοχίτης καὶ διμοιρίτης, καὶ τὸ τέταρτον ἐνωμοτία καὶ ἐνωμοτάρχης ὁ ἡγούμενος.
(2.3) <ὁ δὲ ἡγούμενος ὠνόμασται καὶ πρωτοστάτης>, ἐπιστάτης δὲ ὁ ἑπόμενος, ὥστε καθ᾽ ὅλον τὸν στίχον εἶναι πρωτοστάτην, εἶτα ἐπιστάτην, εἶθ᾽ ἑξῆς πρωτοστάτην, εἶτα ἐπιστάτην, καὶ τοῦτο παρ᾽ ἕνα μέχρις οὐραγοῦ, καθ᾽ ἃ ὑπογέγραπται·

2. Über die Teile der Hopliten-Phalanx, deren Bezeichnung und Zahl

(2.1) Notwendig ist es zuerst, die Phalanx einzureihen, d. h. in Reihen zu gliedern. Eine Reihe ist eine Anzahl Männer, welche die Phalanx in angemessene Teile aufteilt; angemessen sind die aufgestellten Teile, die der Phalanx keine Nachteile für die Schlacht bringen. Deshalb ist die Zahl der Reihe 8 Mann oder aber 10 Mann; manche haben auch 12 Mann gemacht, wieder andere 16, um die Phalanx angemessen zu gestalten für das Verdoppeln auf 32 Mann aus den benannten Notwendigkeiten und für das Aufteilen auf die Hälfte, also auf 8 Mann. In nichts nämlich ist dies ein Hindernis für die hinten kämpfenden Leichtbewaffneten oder Schleuderer oder Bogenschützen; diese treffen nämlich mit ihren Geschossen leicht über die Tiefe der Phalanx hinweg.
(2.2) Genannt wurde die Reihe einst auch *Stichos* (Linie), *Synomotia* (Schwurgruppe) und *Dekania* (Zehnergruppe). Und der beste Mann und Anführer der Linie ist der Reihenführer, der letzte der Reihenschließer. Später variierte die Linie und hatte unterschiedliche Bezeichnungen der Teile; die Hälfte wird nämlich als *Hemilochion* (Halbreihe) bezeichnet und als *Dimoiria*, die eine also mit einer Menge von 16 Mann, die andere zu 12 Mann, und der Anführer heißt *Hemilochites* und *Dimoirites* und das Viertel *Enomotia* und der Anführer *Enomotarches*.
(2.3) Der Anführer wird auch *Protostates* (Erststeher) genannt, der ihm folgende *Epistates* (Dahintersteher), danach wieder *Protostates*, dann *Epistates* und so einer nach dem anderen bis zum Reihenschließer, wie nachstehend aufgezeichnet ist:

πρωτοστάτης λοχαγός παραστάται
ἐπιστάτης παραστάται
πρωτοστάτης παραστάται
ἐπιστάτης παραστάται
πρωτοστάτης παραστάται
ἐπιστάτης οὐραγός παραστάται

(2.4) ὅτ᾽ ἂν δὲ λόχῳ λόχος παρατεθῇ, ὥστε λοχαγὸν λοχαγῷ καὶ οὐραγὸν οὐραγῷ καὶ τοὺς μεταξὺ τοῖς ὁμοζύγοις παρίστασθαι, συλλοχισμὸς ἔσται τὸ τοιοῦτον, οἱ δὲ ὁμόζυγοι τῶν λόχων πρωτοστάται ἢ ἐπιστάται διὰ τὸ παρ᾽ ἀλλήλους ἵστασθαι παραστάται κεκλήσονται. (2.5) ὁ δὲ ἐκ πάντων συλλοχισμὸς φάλαγξ, ἧς τὸ τῶν λοχαγῶν τάγμα μέτωπον καὶ μῆκος καὶ πρόσωπον καὶ στόμα καὶ παράταξις καὶ πρωτολοχία καλεῖται καὶ πρῶτον ζυγόν· ὁ δὲ κατόπιν κείμενος μετὰ τοῦτον στίχος τῶν ἐπιστατῶν κατὰ μῆκος τῆς φάλαγγος δεύτερον ζυγόν, καὶ ὁ τούτῳ παράλληλος ὑπ᾽ αὐτὸν τρίτον, καὶ τέταρτόν ἐστι τὸ ὑπὸ τοῦτον ζυγὸν καὶ πέμπτον ὡς αὔτως καὶ ἕκτον καὶ ἑξῆς μέχρις οὐραγοῦ· κοινῶς δὲ πᾶν τὸ μετὰ τὸ μέτωπον τῆς φάλαγγος βάθος ἐπονομάζεται καὶ ὁ ἀπὸ λοχαγοῦ ἐπ᾽ οὐραγὸν στίχος κατὰ βάθος.

|γ|γ|γ|γ|γ|γ|γ|γ|γ|γ|γ|γ| ζυγόν
|γ|γ|γ|γ|γ|γ|γ|γ|γ|γ|γ|γ| ζυγόν
|γ|γ|γ|γ|γ|γ|γ|γ|γ|γ|γ|γ| ζυγόν
|γ|γ|γ|γ|γ|γ|γ|γ|γ|γ|γ|γ| ἔσχατον ζυγόν

(2.6) καὶ οἱ μὲν τούτῳ ἐπ᾽ εὐθείας <κείμενοι> στοιχεῖν λέγονται, οἱ δὲ τῷ κατὰ μῆκος στίχῳ ζυγεῖν· διαιρεθείσης

Protostates Reihenführer	*Parastatai*
Epistates	*Parastatai*
Protostates	*Parastatai*
Epistates	*Parastatai*
Protostates	*Parastatai*
Epistates Reihenschließer	*Parastatai*

(2.4) Wenn aber einer Reihe eine andere Reihe danebengestellt wird, also dem Reihenführer ein Reihenführer und dem Reihenschließer ein Reihenschließer, und wenn die dazwischen im gleichen Glied aufgestellt werden, ist dies ein Reihenverbund. Die Gliednachbarn der *Protostatai*- und *Epistatai*-Reihen werden, weil sie nebeneinander aufgestellt sind, *Parastatai* genannt.
(2.5) Der Reihenverbund aus allen ist eine Phalanx, von der die Einheit der Reihenführer Stirn, Breite, Gesicht, Mund, Nebeneinanderstellung und Erstreihe genannt wird, auch erstes Glied; die hinter dieser liegende Linie der *Epistatai* in der Breite der Phalanx zweites Glied, und das diesem parallele hinter ihm drittes; das vierte Glied ist das hinter diesem, und ebenso das fünfte und sechste und so weiter bis zum Reihenschließer. Gemeinsam wird alles hinter der Stirn der Phalanx als Tiefe bezeichnet und als Linie vom Reihenführer zum Reihenschließer in der Tiefe.

|γ|γ|γ|γ|γ|γ|γ|γ|γ|γ|γ|γ|	Glied
|γ|γ|γ|γ|γ|γ|γ|γ|γ|γ|γ|γ|	Glied
|γ|γ|γ|γ|γ|γ|γ|γ|γ|γ|γ|γ|	Glied
|γ|γ|γ|γ|γ|γ|γ|γ|γ|γ|γ|γ|	letztes Glied

(2.6) Und von den einen, die diesem in gerade Linie folgen, sagt man, sie bilden eine Reihe, von denen, die in der Breite in einer Linie stehen, sie bilden ein Glied. Wenn die

δὲ τῆς φάλαγγος δίχα κατὰ τὸ μῆκος τὸ μὲν ἥμισυ κέρας προσαγορεύεται δεξιόν τε καὶ λαιόν, αὕτη δὲ ἡ διχοτομία ὀμφαλός τε καὶ ἀραρός.

(2.7) ὁπόσον δὲ δεῖ τὸ πλῆθος εἶναι τῆς φάλαγγος οὐκ εὔλογον διορίζειν· πρὸς γὰρ ἣν ἕκαστος ἔχει παρασκευὴν τοῦ πλήθους καὶ τὸν ἀριθμὸν διοριστέον, πλὴν ἐπιτήδειον ἑκάστοτε εἶναι δεῖ πρὸς τοὺς μετασχηματισμοὺς τῶν ταγμάτων, λέγω δὲ τὰς συναιρέσεις ἤτ᾿ αὐξήσεις· δι᾿ ὃ τοὺς ἀρτιάκις ἀρτίους μᾶλλον ἐκλεκτέον ὡς μέχρι μονάδος διαιρεῖσθαι δυναμένους· καὶ τούς γε πλείονας τῶν τακτικῶν εὑρήσεις πεποιηκότας τὴν φάλαγγα τῶν ὁπλιτῶν μυρίων ἑξακισχιλίων τριακοσίων ὀγδοήκοντα τεσσάρων, ὡς δίχα διαιρουμένην μέχρι μονάδος, ταύτης δὲ ἡμίσειαν τὴν τῶν ψιλῶν. ὑποκείσθω δ᾿ οὖν καὶ ἡμῖν τοσούτων ἀνδρῶν εἶναι τὴν φάλαγγα, τὸν δὲ λόχον ἑξκαίδεκα.

(2.8) ἔσονται δὴ οἱ μὲν δύο λόχοι διλοχία καὶ ὁ ἐπ᾿ αὐτοῖς ἄρχων διλοχίτης, οἱ δὲ τούτων διπλάσιοι τετραρχία καὶ ὁ ἐπ᾿ αὐτοῖς τετράρχης, οἱ δὲ ἔτι τούτων διπλάσιοι τάξις καὶ ὁ ἡγεμὼν ταξίαρχος μὲν πάλαι, νῦν δὲ καὶ ἑκατοντάρχης, οἱ δὲ τῆς τάξεως διπλάσιοι σύνταγμα καὶ ὁ ἐπὶ τούτοις συνταγματάρχης.

(2.9) τοὺς δὲ ἐκτάκτους τὸ [*fol.* 134ʳ] μὲν παλαιὸν ἡ τάξις εἶχεν, ὡς καὶ τοὔνομα σημαίνει, δι᾿ ὅτι τῆς τάξεως ἐξάριθμοι ὑπῆρχον, στρατοκήρυκα, σημειοφόρον, σαλπιγκτήν, ὑπηρέτην, οὐραγόν· τὸν μέν, ὅπως τῇ φωνῇ σημαίνοι τὸ προσταττόμενον, τὸν δὲ σημείῳ, εἰ μὴ φωνῆς κατακούειν ἐνδέχοιτο διὰ θόρυβον, τὸν δὲ τῇ σάλπιγγι, ὁπότε μηδὲ σημεῖον βλέποιεν διὰ κονιορτόν, καὶ τὸν ὑπηρέτην, ὥστε τι παρακομίσαι τῶν εἰς τὴν χρείαν, τόν γε μὴν ἔκτακτον οὐραγὸν πρὸς τὸ ἐπανάγειν τὸν

Phalanx in ihrer Breite geteilt wird, nennt man die Hälften rechtes und linkes Horn (Flügel), die Trennlinie selbst Nabel und Fügung.

(2.7) Wie groß die Menge der Phalanx sein muss, ist nicht leicht (allgemein) zu bestimmen; jeder muss nämlich nach der Vorbereitung der Menge auch die Zahl bestimmen, allerdings muss diese jedes Mal für die Umformierungen der Einheiten geeignet sein, d. h. für die Aufteilungen oder Vermehrungen; deshalb muss man eher gerade *artiakis*-Zahlen (Zweierpotenzen) auswählen, die bis zur Einzahl (ohne Rest) geteilt werden können. Man wird finden, dass die meisten Taktiker die Phalanx der Hopliten aus 16 384 Mann bilden, weil diese Zahl bis zur Einzahl halbiert werden kann, und die Hälfte davon für die Leichtbewaffneten. Es soll also auch von uns angenommen werden, dass die Phalanx aus so vielen Mann besteht und die Reihe aus 16.

(2.8) Zwei Reihen (*lochoi*) sind eine *Dilochia* (Doppelreihe) und ihr Anführer ein *Dilochites*, davon das Doppelte eine *Tetrarchia* (Viererschaft) und deren Anführer ein *Tetrarches*; davon wieder das Doppelte eine *Taxis* und deren Anführer einst ein *Taxiarchos*, jetzt ein *Hekatontarches* (Anführer einer Hundertschaft). Das Doppelte einer *Taxis* ist ein *Syntagma* und der diesem Vorgesetzte ein *Syntagmatarches*.

(2.9) Die zusätzlichen (*ek-taktoi*) Mann hatte früher die *Taxis*, wie auch der Name anzeigt, da sie außerhalb der Zahl der *Taxis* waren: ein Heeresmelder, ein Standartenträger, ein Trompeter, ein Helfer und ein Reihenschließer. Ersterer hatte das Befohlene mit der Stimme anzuzeigen, der zweite mit einem Zeichen, wenn man die Stimme wegen des Lärms nicht hören konnte, der dritte mit der Trompete, wenn man auch ein Zeichen wegen des Staubs nicht sehen konnte. Der Helfer hat irgendetwas Notwendiges herbeizuholen, der zusätzliche Reihenschließer hat einen Zurück-

ἀπολειπόμενον ἐν τῇ τάξει. ὀκτὼ γὰρ ἀνδρῶν ὄντος τοῦ λόχου ὀκταλοχία τὸ τετράγωνον ἐποίει σχῆμα, ὅπερ διὰ τὴν πανταχόθεν ἰσότητα μόνον τῶν μερῶν τῆς φάλαγγος ὁμοίως κατακούειν τῶν προσταττομένων δυνάμενον εὐλόγως τάξις ἐπωνόμαστο· διπλασιασθέντος δ᾽ ὕστερον τοῦ λόχου ἡ συνταξιαρχία τὸ τετράγωνον ἀπετέλεσεν, δι᾽ ἃ εἰς ταύτην μετῆλθον οἱ ἔκτακτοι.

(2.10) τὸ διπλάσιον δὲ τοῦ συντάγματος πεντακοσιαρχίαν καὶ τὸν ἐπὶ τούτῳ πεντακοσιάρχην ὠνόμασαν, τὸ δὲ τούτου διπλάσιον χιλιαρχίαν καὶ τὸν ἡγεμόνα χιλιάρχην, τὰς δὲ δύο χιλιαρχίας πάλαι μὲν κέρας καὶ τέλος καὶ τελάρχην τὸν ἡγούμενον, ὕστερον δὲ μεραρχίαν καὶ μεράρχην· δι᾽ ὃ καὶ τὸ τούτου διπλάσιον φαλαγγαρχία καὶ νῦν ἔτι καλεῖται, πλὴν καὶ ἀποτομὴ κέρατος, καὶ ὁ ἡγεμὼν πάλαι μὲν στρατηγός, νῦν δὲ φαλαγγάρχης· τὸ δὲ τῆς φαλαγγαρχίας ἤτοι ἀποτομῆς διπλοῦν διφαλαγγία καὶ κέρας καὶ ὁ ἐπ᾽ αὐτῇ κεράρχης, αὐτὸ δὲ τὸ ἐκ τῶν δυεῖν κεράτων ἡ φάλαγξ, ἐφ᾽ ᾗ ὁ στρατηγός, κέρατα ἔχουσα δύο, φαλαγγαρχίας ἤτοι ἀποτομὰς δ', μεραρχίας η', χιλιαρχίας ι'ϛ', πεντακοσιαρχίας λ'β', συνταξιαρχίας ξ'δ', ταξιαρχίας ρ'κ'η', τετραρχίας ϛ'ν'ϛ', διλοχίας φ'ι'β', λόχους α'κ'δ'.

β'	κέρας	ξ'δ'	συνταξιαρχία
δ'	ἀποτομή	ρ'κ'η'	τάξις
η'	μεραρχία	ϛ'ν'ϛ'	τετραχία
ι'ϛ'	χιλιαρχία	φ'ι'β'	διλοχία
λ'β'	πεντακοσιαρχία	α'κ'δ'	λόχος

gebliebenen zur *Taxis* zu führen. Als nämlich die Reihe aus 8 Mann bestand und 8 Reihen nebeneinander standen, machte dies die Formation quadratisch, was wegen der allseitigen Gleichheit der Glieder der Phalanx bewirkte, dass die Befehle (*pro-tattomena*) gut gehört werden konnten; daher hieß die *Taxis* mit gutem Grund so. Als aber später die Reihe (auf 16 Mann) verdoppelt wurde und die *Syntaxiarchia* das Quadrat bildete, gingen die zusätzlichen Männer deshalb auf diese über.

(2.10) Das Doppelte des *Syntagma* nannte man *Pentakosiarchia* (Fünfhundertschaft) und den ihr Vorgesetzten *Pentakosiarches*; das Doppelte davon ist eine *Chiliarchia* (Tausendschaft) und deren Anführer ein *Chiliarches*; zwei *Chiliarchiai* wurden einst *Keras* (Horn) und *Telos* und dessen Anführer *Telarches* genannt, später aber *Merarchia* und *Merarches*; daher wird das doppelte davon noch jetzt *Phalangarchia* genannt, außerdem auch *Apotome Keratos* (Abschnitt des Horns) und ihr Anführer einst *Strategos*, jetzt aber *Phalangarches*. Das Doppelte einer *Phalangarchia* oder *Apotome* ist eine *Diphalangarchia* oder ein *Keras* (Horn) und deren Anführer ein *Kerarches*. Die Einheit aus zwei Hörnern ist eine Phalanx, der ein *Strategos* vorsteht; sie hat 2 Hörner, 4 *Phalangarchiai* oder *Apotomai*, 8 *Merarchiai*, 16 *Chiliarchiai*, 32 *Pentakosiarchiai*, 64 *Syntaxiarchiai*, 128 *Taxiarchiai*, 256 *Tetrarchiai*, 512 *Dilochiai* und 1024 Reihen.

2	Horn	64	*Syntaxiarchia*
4	*Apotome*	128	*Taxiarchia*
8	*Merarchia*	256	*Tetrarchia*
16	*Chiliarchia*	512	*Dilochia*
32	*Pentakosiarchia*	1024	Reihe

γʹ. περὶ διατάξεως τῶν ἀνδρῶν καθ᾽ ὅλην τε τὴν φάλαγγα ἢ κατὰ τὰ μέρη

(3.1) διατέτακται δὲ ἥ τε ὅλη φάλαγξ καὶ τὰ μέρη κατὰ τετράδα, ὥστε τῶν τεσσάρων ἀποτομῶν τὴν μὲν ἀρίστην κατ᾽ ἀρετὴν τοῦ δεξιοῦ κέρατος [*fol.* 134v] τετάχθαι δεξιάν, τὴν δὲ δευτέραν ἀριστερὰν τοῦ λαιοῦ καὶ δεξιὰν τὴν τρίτην, τὴν δὲ τετάρτην τοῦ δεξιοῦ λαιάν. οὕτω γὰρ διατεταγμένων ἴσην εἶναι συμβήσεται κατὰ δύναμιν τὸ δεξιὸν κέρας τῷ λαιῷ· τὸ γὰρ ὑπὸ πρώτου καὶ τετάρτου, φασὶ γεωμέτριοι, ἴσον ἔσται τῷ ὑπὸ δευτέρου καὶ τρίτου, ἐὰν <τὰ> τέσσαρα ἀνάλογον ᾖ.

(3.2) τὸν αὐτὸν δὲ τρόπον καὶ ἑκάστην ἀποτομὴν ἤτοι φαλαγγαρχίαν διακοσμήσομεν· ἐπεὶ γὰρ ἥμισυ μὲν αὐτῆς ἐστιν ἡ μεραρχία, τέταρτον δὲ ἡ χιλιαρχία· τὴν μὲν ἀρίστην χιλιαρχίαν τῆς δεξιᾶς μεραρχίας τάξομεν δεξιάν, τὴν δὲ δευτέραν κατ᾽ ἀρετὴν τῆς λαιᾶς ἀριστεράν, δεξιὰν δὲ τὴν τρίτην, τὴν δὲ ὑπολειπομένην λαιὰν τῆς δεξιᾶς. οὕτω γὰρ ἰσοσθενήσουσι καὶ αἱ μεραρχίαι.

(3.3) καὶ τὰς χιλιαρχίας δὲ ὡς αὔτως διαθήσομεν. καὶ γὰρ τούτων ἥμισυ μέν ἐστιν ἡ πεντακοσιαρχία, τέταρτον δὲ ἡ συνταξιαρχία· οὐκοῦν τὴν μὲν πρώτην καὶ τετάρτην συνταξιαρχίαν τῇ δεξιᾷ πεντακοσιαρχίᾳ νεμοῦμεν τὴν πρώτην ἐν τοῖς δεξιοῖς αὐτῆς μέρισι τιθέντες, δευτέραν δὲ καὶ τρίτην συνταξιαρχίαν τῇ λαιᾷ πεντακοσιαρχίᾳ προσνεμοῦμεν κατὰ τὸ ἴσον μέρος αὐτῆς τιθέντες.

(3.4) τὴν δευτέραν πάλιν συνταξιαρχίαν ἑκάστην ἥμισυ μὲν ἔχουσαν τὴν ταξιαρχίαν, τέταρτον δὲ τὴν τετραρχίαν κατὰ τὸν αὐτὸν λόγον διαθήσομεν, ὥστε τὰς ἐν αὐτῇ ταξιαρχίας ἰσοσθενεῖν. τὸ δ᾽ ὅμοιον γέγονεν καὶ ἐπὶ τῆς τετραρχίας· καὶ γὰρ ταύτης ἥμισυ μὲν ἡ διλοχία, τέταρτον δὲ ὁ λόχος.

3. Über die Verteilung der Männer in der ganzen Phalanx oder ihren Teilen

(3.1) Eingeteilt sind sowohl die ganze Phalanx als auch ihre Teile in Vierergruppen, so dass von den vier *Apotomai* (Abschnitten; s. o. 2.10) die nach der Tapferkeit beste an der rechten Seite des rechten Horns aufgestellt wird, die zweite an der linken des linken, an der rechten die dritte und die vierte an der linken des rechten Horns. Wenn sie so verteilt sind, wird es dazu kommen, dass das rechte Horn in der Kraft dem linken gleich ist, denn das vom ersten und vierten wird, wie die Geometriker sagen, gleich sein dem vom zweiten und dritten, wenn die vier analog sind.
(3.2) Auf dieselbe Weise werden wir auch jede *Apotome* der *Phalangarchia* (s. o. 2.10) anordnen. Es ist dabei deren Hälfte eine *Merarchia*, ihr Viertel eine *Chiliarchia*. Wir stellen nun die beste *Chiliarchia* an der rechten Seite der rechten *Merarchia* auf, die nach Tapferkeit zweite an der linken Seite der linken, an der rechten die dritte und die übrigen an der linken der rechten. So werden auch die *Merarchiai* gleich kräftig sein.
(3.3) Auch die *Chiliarchiai* werden wir ebenso disponieren. Deren Hälfte ist ja eine *Pentakosiarchia* und ihr Viertel die *Syntaxiarchia*; also werden wir die erste und vierte *Syntaxiarchia* an der rechten *Pentakosiarchia* einsetzen, wobei wir die ersten an den rechten Teilen von ihr aufstellen, die zweite und dritte *Syntaxiarchia* der linken *Pentakosiarchia* zuweisen und sie nach demselben Prinzip in ihr aufstellen.
(3.4) Die zweite *Syntaxiarchia* wiederum hat als Hälfte die *Taxiarchia*, als Viertel die *Tetrarchia*; sie werden wir nach demselben Prinzip verteilen, so dass sie im selben Verhältnis wie die *Taxiarchiai* gleiche Kraft haben. Das gleiche ist dann auch bei den *Tetrarchiai* geschehen; von diesen ist ja die Hälfte die *Dilochia*, das Viertel die Reihe (s. o. 2.8).

(3.5) τὸν μέντοι γε λόχον οὐ κατὰ ταὐτὰ διατάξομεν, ἀλλὰ τοὺς μὲν πρόσω τῶν ἀνδρῶν κατὰ τὴν ῥώμην, τοὺς δ᾽ ὀπίσω κατὰ τὴν φρόνησιν διαφέροντας, αὐτῶν δὲ τῶν πρόσω τοὺς λοχαγοὺς μεγέθει τε καὶ ῥώμῃ καὶ ἐμπειρίᾳ προὔχοντας τῶν ἄλλων· τοῦτο γὰρ τὸ ζυγὸν συνέχει τὴν φάλαγγα καὶ οἷον τῆς μαχαίρας ἐστὶ τὸ στόμα, ὅθεν καὶ ἀμφιστόμους καλοῦσι τὰς ἀμφοτέρωθεν λοχαγοῖς συνεχομένας τάξεις.

(3.6) δεῖ δὲ καὶ τὸ δεύτερον ζυγὸν μὴ πάνυ χεῖρον εἶναι, ἵνα πεσόντος τοῦ λοχαγοῦ ὁ παρεδρεύων προελθὼν εἰς τὸ πρόσω συνέχῃ τὴν φάλαγγα. οἱ δὲ οὐραγοὶ οἵ τ᾽ ἐν τοῖς λόχοις καὶ οἱ ἔκτακτοι συνέσει τῶν ἄλλων διαφερέτωσαν, οἱ μέν, ἵνα τοὺς ἰδίους κατευθύνωσι λόχους, οἱ δ᾽ ὅπως στοιχῶσί τε τὰ συντάγματα καὶ ζυγῶσιν ἀλλήλοις τούς τε λειποτακτοῦντας διὰ δειλίαν εἰς τάξιν ἐπανάγοιεν καὶ ἐν τοῖς συνασπισμοῖς συνεδρεύειν ἀναγκάζοιεν.

[*fol.* 135ʳ] δʹ. περὶ διαστημάτων

(4.1) τοῦτον δὴ τὸν τρόπον ἐξομοιωθέντων τῷ ὅλῳ τῶν μορίων ἑξῆς ἂν εἴη ῥητέον περὶ διαστημάτων κατά τε μῆκος καὶ βάθος· τριττὰ γὰρ ἐξηύρηται πρὸς τὰς τῶν πολεμίων χρείας, τό τε ἀραιότατον, καθ᾽ ὃ ἀλλήλων ἀπέχουσι κατά τε μῆκος καὶ βάθος ἕκαστοι πήχεις τέσσαρας, καὶ τὸ πυκνότατον, καθ᾽ ὃ συνησπικὼς ἕκαστος ἀπὸ τῶν ἄλλων πανταχόθεν διέστηκεν πηχυαῖον διάστημα, τό τε μέσον, ὃ καὶ πύκνωσιν ἐπονομάζουσιν, ᾧ διεστήκασι πανταχόθεν δύο πήχεις ἀπ᾽ ἀλλήλων.

(3.5) Die Reihe werden wir hingegen nicht in derselben Weise aufstellen, sondern als vordere Männer solche, die sich in Körperkraft auszeichnen, als hintere solche, die sich in Besonnenheit auszeichnen. Von ihnen sollen die Reihenführer vorne an Größe, Körperkraft und Erfahrung die anderen übertreffen; dieses Glied nämlich hält die Phalanx zusammen und ist wie die Schneide eines Schwertes, weshalb man diejenigen Stellungen auch als *amphistomos* (zweischneidig) bezeichnet, die auf beiden Seiten von Reihenführern zusammengehalten werden.
(3.6) Es darf auch das zweite Glied nicht viel schlechter sein, damit für den Fall, dass der Reihenführer fällt, der hinter ihm Stehende nach vorne tritt und die Phalanx zusammenhält. Die Reihenschließer in den Reihen und die zusätzlichen Männer (s. o. 10.4) müssen sich im Verständnis vor den anderen auszeichnen, die einen, damit sie die eigenen Reihen gerade richten, die anderen, damit sie die Einheiten ausrichten und miteinander ins Glied bringen und diejenigen, die aus Feigheit die Stellung verlassen haben, wieder in die Stellung führen und zwingen, in den Schildverbünden zusammenzustehen.

4. Über Abstände

(4.1) Nachdem auf diese Weise dem Ganzen die Teile insgesamt angeglichen sind, ist als Nächstes von den Abständen in Breite und Tiefe zu sprechen. Drei erweisen sich als gut für den Einsatz gegen die Feinde: der weiteste, bei dem jeder in der Breite und Tiefe einen Abstand von 4 Ellen (s. o. S. 20) hat, der engste, bei dem im Schildverbund jeder von den anderen auf allen Seiten nur 1 Elle Abstand hat, und der mittlere, den man auch Verdichtung nennt, bei dem sie auf allen Seiten 2 Ellen voneinander Abstand haben.

(4.2) γίνεται δὲ μεταβολὴ κατὰ τὰς χρείας ἔκ τινος τούτων εἴς τι τῶν λοιπῶν, καὶ ἤτοι κατὰ μῆκος μόνον, ὃ καὶ ζυγεῖν ἔφαμεν λέγεσθαι, ἢ κατὰ βάθος τε καὶ στοῖχον, ἢ κατ᾽ ἄμφω, ὅπερ ὀνομάζεται κατὰ παραστάτην καὶ ἐπιστάτην. (4.3) δοκεῖ δὲ τὸ τετράπηχυ κατὰ φύσιν εἶναι, ὅθεν οὐδὲ κεῖται ἐπ᾽ αὐτῷ ὄνομα· ἀναγκαῖον δὲ τὸ δίπηχυ καὶ ἔτι μᾶλλον τὸ πηχυαῖον. τούτων δὲ τὸ μὲν δίπηχυ κατὰ πύκνωσιν, ἔφην, ἐπωνόμασται, τὸ δὲ πηχυαῖον κατὰ συνασπισμόν. γίνεται δὲ ἡ μὲν πύκνωσις, ὅτ᾽ ἂν ἡμεῖς τοῖς πολεμίοις τὴν φάλαγγα ἐπάγωμεν, ὁ δὲ συνασπισμός, ὅτ᾽ ἂν οἱ πολέμιοι ἡμῖν ἐπάγωνται.

(4.4) ἐπεὶ οὖν χίλιοι εἴκοσι τέσσαρές εἰσιν οἱ κατὰ μέτωπον τῆς φάλαγγος ἀφωρισμένοι λοχαγοί, δῆλον ὅτι τεταγμένοι μὲν ἐφέξουσι πήχεις ἓξ καὶ ἐνενήκοντα καὶ τετρακισχιλίους, ὅπερ ἐστὶ στάδια δέκα καὶ πήχεις ἐνενήκοντα ἕξ, πεπυκνωκότες δὲ σταδίους πέντε καὶ πήχεις μ'η', συνησπικότες δὲ σταδίους δύο καὶ ἥμισυ καὶ πήχεις εἴκοσι τέσσαρας, πρὸς ὅ σε δεήσει καὶ τῶν χωρίων τὰς ἐκλογὰς ποιεῖσθαι.

ε'. περὶ ὅπλων εἰδέας τε καὶ συμμετρίας

(5.1) τῶν δὲ φάλαγγος ἀσπίδων ἀρίστη ἡ Μακεδονικὴ χαλκῆ ὀκτωπάλαιστος, οὐ λίαν κοίλη· δόρυ δὲ αὖ οὐκ ἔλαττον δεκαπήχεος, ὥστε τὸ προπῖπτον αὐτοῦ εἶναι οὐκ ἔλαττον ἢ ὀκτάπηχυ, οὐ μὴν οὐδὲ μεῖζονα θέσαν <δύο> καὶ δέκα πηχέων, ὥστε τὴν πρόπτωσιν εἶναι δεκάπηχυν, ᾧ δὴ καὶ ἡ Μακεδονικὴ φάλαγξ χρωμένη ἐν καταπύκνῳ στάσει ἀνύποιστος εἶναι <ἐδόκει> τοῖς πολεμίοις. εὔδηλον γάρ, ὅτι τῶν μέχρι τοῦ πέμπτου ζυγοῦ τὰ

(4.2) Es geschieht nach Bedarf ein Wechsel von einem dieser Abstände in einen der anderen, und zwar entweder nur in der Breite, was man auch »nach dem Glied« nennt, oder in der Tiefe, also »nach der Reihe«, oder nach beiden, was man auch nach *Parastates* und *Epistates* (s. o. 2.4) nennt.
(4.3) Der Abstand von 4 Ellen scheint der natürliche zu sein, weshalb es dafür auch keinen Namen gibt. Erzwungen ist der Abstand von 2 Ellen und noch mehr der von 1 Elle. Von denen wird, wie gesagt, der auf 2 Ellen als Verdichtung bezeichnet, der auf 1 Elle als Schildverbund. Es geschieht eine Verdichtung, wenn wir den Feinden die Phalanx entgegenführen, ein Schildverbund, wenn die Feinde uns entgegengeführt werden.
(4.4) Da also 1024 Reihenführer an der Stirn der Phalanx eingeteilt sind, ist es offenkundig, dass sie in der (natürlichen) Stellung 4096 Ellen einnehmen, was 10 *Stadia* und 96 Ellen entspricht, in Verdichtung 5 *Stadia* und 48 Ellen, im Schildverbund 2½ *Stadia* und 24 Ellen (zu den Maßangaben s. o. S. 20). In Hinsicht darauf wird man auch bei der Auswahl des Geländes handeln müssen.

5. Über die Arten der Waffen und ihre Maßverhältnisse

(5.1) Von den Schilden der Phalanx ist der beste der makedonische, 8 Handbreit (s. o. S. 20), nicht zu konkav; der Speer (die *Sarissa*) ist nicht weniger als 10 Ellen lang, so dass der hinausragende Teil von ihm nicht weniger als 8 Ellen ist; man machte ihn aber nicht länger als 12 Ellen, so dass der hinausragende Teil 10 Ellen ist. Diesen hat auch die makedonische Phalanx benutzt und erschien so in verdichteter Stellung den Feinden unüberwindbar. Es ist ja ganz offenbar, dass von den Männern bis ins fünfte Glied die Speere

δόρατα προπίπτει τοῦ μετώπου· οἱ μὲν γὰρ ἐν τῷ δευτέρῳ ζυγῷ πήχεσι δυσὶν ὑποβεβηκότες ὀκτὼ πηχέων τὴν τοῦ μετώπου ποιοῦνται πρόπτωσιν, ἓξ δὲ οἱ ἐν τῷ τρίτῳ ζυγῷ, οἱ δ' ἐν τῷ τετάρτῳ τεσσάρων, δύο δὲ οἱ ἐν τῷ πέμπτῳ, προβεβλημέναι δὲ τοῦ πρώτου ζυγοῦ πέντε σάρισσαι. (5.2) καὶ Μακεδόνες μὲν [*fol.* 135ᵛ] οὕτω τῷ στοίχῳ, φασί, τῶν δοράτων οὐ μόνον τῇ ὄψει τοὺς πολεμίους ἐκπλήττουσιν, ἀλλὰ καὶ τῶν λοχαγῶν ἕκαστον παραθαρσύνουσι πέντε δυνάμεσι πεφρουρημένον· οἱ δὲ μετὰ τὸ πέμπτον ζυγόν, εἰ καὶ μὴ τὰς σαρίσσας προάγουσι τοῦ μετώπου, ἀλλὰ τοῖς γε σώμασιν ἐπιβρίθοντες ἀνελπιστίαν τοῖς πρωτοστάταις φυγῆς παρέχονται. ἔνιοι δὲ τὰς τοῦ μετώπου προπιπτούσας ἀκμὰς ἐξισοῦσθαι βουλόμενοι τὰ δόρατα τῶν ὀπίσω ζυγῶν αὔξουσιν.

ϛʹ. περὶ ψιλῶν τε καὶ πελταστῶν

(6.1) οἱ δὲ ψιλοί τε καὶ πελτασταὶ πρὸς τὰς ἁρμοζούσας χρείας ὑπὸ τοῦ στρατηγοῦ ταγήσονται τοτὲ μὲν πρὸ τῆς φάλαγγος, τοτὲ δὲ ὑπὸ τῇ φάλαγγι, ἄλλοτε δὲ κατὰ δεξιά τε καὶ ἀριστερά· ὀνομάζεται δὲ τὸ μὲν πρόταξις, τὸ δ' ὑπόταξις, τὸ δὲ ἐπίταξις· ἔστι δ' ὅτε καὶ ἐμπλεκόμενοι τῇ φάλαγγι παρ' ἄνδρα τάττονται· λέγεται δὲ καὶ τοῦτο παρένταξις, δι' ὅτι ἀνομοίων ἐστὶ παρένθεσις, οἷον ψιλῶν παρ' ὁπλίτας· τὴν γοῦν τῶν ὁμοίων παρένθεσιν, οἷον ὁπλιτῶν παρ' ὁπλίτας ἢ ψιλῶν παρὰ ψιλούς – ῥηθήσεται γὰρ καὶ ἡ τούτων χρεία –, παρένταξιν μὲν οὐκέτι, παρεμβολὴν δὲ ἐπονομάζουσι.

über die Stirn (der Phalanx) hinausragen; die nämlich im zweiten Glied stehen 2 Ellen weiter hinten und lassen den Speer so um 8 Ellen über die Stirn hinausragen, um 6 die im dritten Glied, die im vierten um 4 und um 2 die im fünften, womit also fünf *Sarissai* über das erste Glied hinausragen. (5.2) Die Makedonen erschrecken mit dieser Reihe – so sagt man – nicht nur durch den Anblick der Speere die Feinde, sondern ermutigen auch jeden der Reihenführer, der von fünf Kräften geschützt wird. Zwar können die hinter dem fünften Glied die *Sarissai* nicht über die Stirn hinausragen lassen, doch drücken sie mit ihren Körpern und machen so den vor ihnen Stehenden eine Hoffnung auf Flucht unmöglich. Manche, die ihre vor die Stirn ragenden Spitzen auf gleiche Linie bringen wollen, verlängern die Speere der hinteren Glieder.

6. Über Leichtbewaffnete und Peltasten

(6.1) Die Leichtbewaffneten und Peltasten (s. o. 1.2) werden im Hinblick auf den ihnen zukommenden Nutzen vom Feldherrn aufgestellt, und zwar einmal vor der Phalanx, einmal hinter der Phalanx, ein andermal auf der linken oder rechten Seite; genannt wird das erste *Protaxis* (Vorwärtsstellung), das zweite *Hypotaxis* (Rückenstellung), die beiden anderen *Epitaxis* (Seitenstellung). Es kommt aber auch vor, dass sie in die Phalanx Mann für Mann eingeschoben werden; dies heißt dann *Parentaxis* (Neben-Hineinstellung), weil es eine Nebeneinanderstellung von Ungleichen ist, nämlich von Leichtbewaffneten in (schwerbewaffnete) Hopliten. Die Einfügung von Gleichen, etwa von Hopliten in Hopliten oder Leichtbewaffneten in Leichtbewaffnete – man wird auch von Notwendigkeiten dafür sprechen –, wird nicht als *Parentaxis*, sondern als *Parembole* (Einschub) benannt.

(6.2) λόχους μὲν δὴ καὶ οὗτοι τέσσαρας καὶ εἴκοσι καὶ χιλίους ἕξουσιν, εἰ μέλλουσι συμπαρεκτείνεσθαι τῇ φάλαγγι τῶν ὁπλιτῶν ὑποταττόμενοι, οὐ μὴν ἀπὸ ἑξκαίδεκα ἀνδρῶν – ἥμισυ γὰρ αὐτῶν ἐστι τὸ πλῆθος –, ἀλλ᾽ ἐξ ὀκτὼ δηλονότι.

(6.3) ἔσται δὲ κἀπὶ τούτων τὸ μὲν ἐκ δ' λόχων σύστασις ἔτι δὲ ἐκ δυεῖν συστάσεων πεντηκονταρχία, τὸ δὲ τούτου διπλάσιον ἑκατονταρχία, ἐφ᾽ ἧς ἔσονται οἱ ἔκτακτοι, πέντε τὸν ἀριθμόν, στρατοκῆρύξ τε καὶ σημειοφόρος καὶ σαλπιγκτής, ὑπηρέτης τε καὶ οὐραγός· τὸ δὲ τῆς ἑκατονταρχίας διπλάσιον <ψιλαγία, τὸ δὲ τούτου διπλάσιον ξεναγία, ἧς τὸ διπλάσιον> σύστρεμμα, τούτου δὲ τὸ διπλοῦν ἐπιξεναγία, ἧς πάλιν τὸ διπλάσιον στῖφος, οὗ δὴ συντεθέντος ἡ τῶν ψιλῶν γίνεται φάλαγξ, ἣν καὶ ἐπίταγμα καλοῦσιν ἔνιοι. ταύτης δὲ ἔκτακτοι ἄνδρες ὀκτώ, ἐπιξεναγοὶ μὲν τέσσαρες, συστρεμματάρχαι δὲ οἱ λοιποί.

ζ. περὶ τῶν ἱππέων

(7.1) οἱ δέ γε ἱππεῖς ὥσπερ καὶ οἱ ψιλοί, πρὸς τὰς παρακολουθούσας χρείας τὴν τάξιν λαμβάνουσιν, καὶ μάλιστα αὐτῶν οἱ ἀκροβολισταί· οὗτοι γὰρ οἱ ἐπιτηδειότατοι πρὸς τὸ κατάρξαι τραυμάτων καὶ ἐκκαλέσασθαι πρὸς μάχην καὶ τὰς τάξεις διαλῦσαι καὶ ἵππον ἀνακρούσασθαι καὶ τόπους ἀμείνους προκαταλαβεῖν καὶ τοὺς προκατειλημμένους ἀνα[*fol.* 136r]λαβεῖν καὶ τοὺς ὑπόπτους ἐρευνῆσαι καὶ ἐνέδρας παρασκευάσαι καὶ τὸ ὅλον προαγωνίσασθαί τε καὶ συναγωνίσασθαι· πολλὰ γὰρ δι᾽ ὀξύτητα καὶ μεγάλα κατεργάζονται περὶ τὰς μάχας.

(7.2) τὰς δὲ τάξεις αὐτῶν κατὰ σχῆμα οἱ μὲν τετράγωνον πεποίηνται, οἱ δὲ ἑτερόμηκες, ἄλλοι δὲ ῥομβοειδές,

(6.2) Es sollen auch diese (eine Breite von) 1024 Reihen haben, wenn man vorhat, dass sie sich gemeinsam mit der Phalanx der Hopliten hinter dieser angeordnet erstrecken, aber nicht eine Tiefe von 16 Mann – ihre Menge ist ja nur die Hälfte von jenen –, sondern offenkundig nur von 8.
(6.3) Es ergibt sich bei diesen aus vier Reihen eine *Systasis*, aus zwei *Systaseis* eine *Pentekontarchia*, als Doppeltes davon eine *Hekatontarchia*, zu der es die zusätzlichen Mann gibt, fünf an der Zahl, nämlich Heeresmelder, Standartenträger, Trompeter, Helfer und Reihenschließer. Das Doppelte einer *Hekatontarchia* ist eine *Psilagia*, deren Doppeltes eine *Xenagia*, deren Doppeltes ein *Systremma*, dessen Doppeltes eine *Epixenagia* und deren Doppeltes wiederum ein *Stiphos*; zwei davon zusammengestellt bilden die Phalanx der Leichtbewaffneten. Für diese gibt es 8 zusätzliche Mann, 4 *Epixenagoi* und dazu noch 4 *Systremmatarchai*.

7. Über die Reiter

(7.1) Die Reiter halten wie die Leichtbewaffneten nach der jeweils vorkommenden Notwendigkeit die Stellung, und von ihnen insbesondere die *Akrobolistai* (s. o. S. 18); diese sind nämlich am besten geeignet, um mit dem Verwunden zu beginnen, (die Feinde) zur Schlacht herauszulocken, die Stellungen aufzulösen, die Reiterei zurückzuschlagen, die günstigen Plätze vorab einzunehmen und diejenigen, die sie vorher besetzt hatten, zu beseitigen, verdächtige Plätze auszukundschaften, Hinterhalte vorzubereiten und insgesamt vorab und gemeinsam zu kämpfen; viel Großes nämlich bewirken sie durch ihre Schnelligkeit in den Schlachten.
(7.2) Ihre Stellungen haben die einen in der Formation quadratisch gemacht, die anderen rechteckig, wieder andere

καὶ ἕτεροι σφηνοειδὲς ἤτοι ἐμβολοειδές. κοινῶς δὲ ἅπαντες εἴλην καλοῦσι τὸ σύστημα τοῦ σχήματος. τῇ μὲν οὖν ῥομβοειδεῖ τῶν εἰλῶν δοκοῦσι Θετταλοὶ κεχρῆσθαι πρῶτοι ἐν ἱππικῇ πολὺ δυνηθέντες, πρός τε τὰς ἀποστροφὰς καὶ τὰς ἐπιστροφὰς τῶν ἵππων, ὅπως μὴ συνταράττοιντο πρὸς πάσας τὰς πλευρὰς στρέφεσθαι δυνάμενοι· τοὺς γὰρ ἀρίστους τῶν ἱππέων κατὰ τὰς πλευρὰς ἔταττον, πάλιν τοὺς ἐξέχοντας ἀρετῇ κατὰ τὰς γωνίας· ἐκάλουν δὲ τὸν μὲν κατὰ τὴν πρόσω γωνίαν ἰλάρχην, τὸν δὲ κατὰ τὴν ὀπίσω οὐραγόν, τοὺς δὲ κατὰ τὴν δεξιὰν καὶ λαιὰν πλαγιοφύλακες.

(7.3) τὰς δ᾽ ἐμβολοειδεῖς Σκύθας ἐξευρεῖν καὶ Θρᾷκας λέγεται, ὕστερον δὲ χρήσασθαι καὶ Μακεδόνας ταύταις, ὡς εὐχρηστοτέραις τῶν τετραγώνων· τὸ γὰρ μέτωπον τῶν ἐμβόλων βραχὺ γινόμενον ὥσπερ κἀπὶ τῶν ῥομβοειδῶν, ὧνπερ ἥμισύ ἐστι τὸ ἐμβολοειδές, ῥᾲστην ἐποίει τὴν διίππευσιν, μετὰ τοῦ καὶ τοὺς ἡγεμόνας προβεβλῆσθαι τῶν ἄλλων· καὶ τὰς ἀναστροφὰς εὐμαρεστέρας τῶν τετραγώνων ἐπὶ τούτων γίνεσθαι, πρὸς ἕνα τὸν ἰλάρχην ἀποβλεπόντων ἁπάντων, ὡς καὶ ἐπὶ τῆς τῶν γεράνων πτήσεως γίνεται.

(7.4) ταῖς δὲ τετραγώνοις Πέρσαι τε καὶ Σικελοὶ καὶ Ἕλληνες ἐχρῶντο διὰ τὸ ἐν τούτοις δύνασθαι ζυγεῖν τε ἅμα καὶ στοιχεῖν τὰς εἴλας. πλὴν Ἕλληνες ἑτερομήκει τῷ πλήθει τὴν εἴλην ἐναλλάττοντες τῇ ὄψει τὸ σχῆμα τετράγωνον ἀπεδίδοσαν. δέκα γὰρ ἓξ κατὰ μῆκος, ὀκτὼ δὲ κατὰ πλάτος ἄνδρας ἔταττον, ἀλλ᾽ ἐν διπλασίοις διαστήμασι διὰ τὰ τῶν ἵππων μεγέθη. ἔνιοι δὲ τριπλάσιον τὸ μῆκος τοῦ βάθους κατ᾽ ἀριθμὸν ποιήσαντες τριπλάσιον

rautenförmig und die übrigen schleuder-, d. h. keilförmig. Gemeinsam nennen alle die Schar der Formation Schwadron (*eile*). Die rautenförmige Formation scheinen die Thessalier, die in der Reiterei viel vermochten, als erste benutzt zu haben, und zwar für die Kehrtwendungen und Rückwendungen der Pferde, so dass sie nicht in Unordnung kommen, da sie zu allen Seiten hin gewendet werden können. Sie stellten die besten Reiter an den Seiten der Raute auf und wiederum diejenigen, die sich in Tapferkeit auszeichneten, an den Ecken. Sie nannten den an der vorderen Ecke Schwadronanführer, den an der hinteren Schwadronschließer (*ouragos*) und die an der rechten und der linken Ecke Flankenwächter.

(7.3) Die keilförmigen Formationen scheinen Skythen und Thraker erfunden zu haben; später benutzten diese auch die Makedonen, da sie nützlicher sind als die quadratischen. Die Stirn der Keile ist nämlich schmal, ebenso wie bei den rautenförmigen Formationen, von denen die keilförmige die Hälfte ist; am leichtesten macht sie das Durchreiten, mit dem auch die Anführer vor den anderen vorpreschen; auch eine Zurückschwenkung wird bei diesen einfacher als bei den quadratischen Formationen durchgeführt, da alle nur auf den einen Schwadronanführer blicken, wie das auch beim Flug der Kraniche geschieht.

(7.4) Die quadratischen Formationen aber haben die Perser, Sikeler und Griechen verwendet, da in diesen die Schwadron Reihen und Glieder bilden können. Allerdings stellten die Griechen die Schwadron von der Menge her rechteckig auf, womit sie aber in der Ansicht eine quadratische Formation erreichten. Sie stellten nämlich 16 in der Breite auf und 8 in der Tiefe, aber in doppelten Abständen wegen der Größe der Pferde. Manche haben die Breite nach der Zahl das Dreifache der Tiefe gemacht und den dreifachen

διάστημα κατὰ βάθος ἀπέδοσαν, ὥστ᾽ εἶναι πάλιν τὸ σχῆμα τετράγωνον, ὀρθότερον οὗτοι διανοηθέντες, οἶμαι· οὐχ ὅτι γὰρ τὸ ἱππικὸν βάθος τῷ πεζῷ τὴν αὐτὴν ὠφελίαν παρέχει προσερεῖδόν τε καὶ συνέχον τὴν εἴλην, ἀλλὰ γὰρ καὶ βλάβην ἐμποιεῖν οἶδε πλείω τῶν πολεμίων· ἐπιβάλλοντες γὰρ ἀλλήλοις ἐκταράττουσι τοὺς ἵππους, ὅθεν τετραγώνου μὲν ὄντος τοῦ ἀριθμοῦ δεήσει τὸ σχῆμα ποιεῖν ἑτερόμηκες, [*fol.* 136[v]] ἑτερομήκους δὲ ὄντος, ἐὰν δέῃ ποιεῖν τετράγωνον, τριῶν ἢ τεττάρων ἱπποτῶν εἶναι δεήσει τὸ βάθος καὶ πρὸς τοῦτό γε τὸ μῆκος ἐξισοῦσθαι.

(7.5) πλὴν ἔδοξε τὸ ῥομβοειδὲς ἀναγκαιότερον εἶναι πρὸς τὰς μεταγωγὰς διὰ τὴν πρὸς ἡγεμόνα νεῦσιν, καὶ δι᾽ ὅτι ὁμοίως τῷ τετραγώνῳ καὶ ζυγεῖν δύναται καὶ στοιχεῖν, ὅθεν οἱ μὲν οὕτως αὐτὸ συνέταξαν, ὥστε φροντίσαι τοῦ συναμφοτέρου, ὅπως ἂν καὶ ζυγῇ καὶ στοιχῇ, οἱ δὲ οὔτε τοῦ ζυγεῖν οὔτε τοῦ στοιχεῖν ἐφρόντισαν, ἔνιοι δὲ τοῦ ζυγεῖν, οὐ μέντοι τοῦ στοιχεῖν, ἔνιοι δὲ ἀνάπαλιν.

(7.6) τοῖς μέντοι ζυγεῖν ἅμα καὶ στοιχεῖν αὐτὸ προελομένοις τέτακται τὸ μέγιστον ζυγὸν κατὰ μέσον ἐκ περιττοῦ ἀριθμοῦ οἷον δέκα καὶ ἑνάς, οἷόν ἐστι τὸ ἐκ τῶν α'α' ἐν τῇ ὑποκειμένῃ διαγραφῇ· εἶτ᾽ ἐφ᾽ ἑκάτερα τοῦδε δύο ζυγὰ δυάδι αὐτοῦ λειπόμενα, πρόσω μὲν ὡς τὸ ἐκ τῶν β'β' συγκείμενον, ὀπίσω δὲ ὡς τὸ ἐκ τῶν γ'γ', ὥσθ᾽ ἕκαστον τῶν β' καὶ γ' στοιχεῖν ἑκάστῳ τῶν α' πλὴν τῶν ἄκρων α' καὶ α'· ἔπειτα ἑξῆς μετὰ μὲν τὸ β' ζυγὸν τὸ ἐκ τῶν δ'δ' δυάδι αὐτοῦ λειπόμενον, μετὰ δὲ τὸ γ' <τὸ> ἐκ

Abstand in der Tiefe eingerichtet, so dass dies wieder eine quadratische Formation ergab. Damit hatten sie eine ganz richtige Überlegung, wie ich meine; es gewährt nämlich die Reiterei-Tiefe nicht denselben Vorteil wie bei den Fußsoldaten (s. o. 5.2), indem sie aufschließen und die Schwadron zusammenhalten könnte; vielmehr richten diese sogar mehr Schaden als die Feinde an: Wenn sie aneinanderstoßen, verwirren sie die Pferde, weshalb, wenn die Formation nach der Zahl quadratisch ist, dies die Formation (in der Ansicht) rechteckig macht; wenn sie aber rechteckig ist und man ein Quadrat machen soll, werden drei oder vier Reiter in der Tiefe stehen; die Breite wird daran angepasst.
(7.5) Allerdings schien die rautenförmige (Formation) am notwendigsten zu sein für das Zurückschwenken wegen ihrer Ausrichtung auf den Anführer und weil ebenso wie in der quadratischen auch Glieder und Reihen gebildet werden können. Daher stellten manche sie so auf, dass sie auf beides zugleich achteten, also auf die Glied- und auf die Reihenbildung, andere achteten weder auf die Glied- noch die Reihenbildung, einige aber auf die Glied-, aber nicht die Reihenbildung, andere umgekehrt.
(7.6) Von denjenigen, die (Rautenformationen) sowohl nach Gliedern als auch nach Reihen bilden wollen, wird das größte Glied in der Mitte aus einer ungeraden Zahl von Reitern aufgestellt, etwa 11, d. h. die Gerade α'α' in der unten gebotenen Schemazeichnung (s. u. S. 142/143); dann werden auf beiden Seiten davon zwei Glieder mit jeweils um 2 geringerer Zahl aufgestellt, vorne also, wie es aus der Gerade β'β' besteht, hinten aus der Gerade γ'γ', so dass jeder aus dem β'- und dem γ'-Glied in einer Reihe mit dem aus dem α'-Glied steht, mit Ausnahme der Außenpositionen von α' und α'. Dann wird vor das β'-Glied das von δ'δ' gestellt, wieder um zwei weniger als jenes,

τῶν ε'ε' καὶ τοῦτο δυάδι τοῦ γ' λειπόμενον, ὥστε ἕκαστόν τε τῶν δ'δ' ἑκάστῳ τῶν β'β' παρὰ τοὺ ἄκρους στοιχεῖν, καὶ ἕκαστον τῶν ε'ε' ἑκάστῳ τῶν γ'γ' παρὰ τοὺς ἐσχάτους. ἔσονται δὴ τὰ μὲν κατὰ β' καὶ γ' ζυγὰ ἀπὸ ἐννέα ἀνδρῶν, τὰ δὲ κατὰ δ' καὶ ε' ἀπὸ ζ', ὁμοίως δὲ τούτοις τὰ μὲν ἐφ' ἑκάτερα, οἷον τὸ ἐκ τῶν ζ'ζ' καὶ η'η' ἔσται ἀπὸ πεντάδος, τὰ δ' ἔτι ἑξῆς ὡς τὸ ἐκ τῶν θ' καὶ τὸ ἐκ τῶν κ' ἀπὸ τριάδος. μονάδος δὲ λειπομένης ἔστω ὁ πρόσω κατὰ τὸ λ' ἰλάρχης, ὁ δὲ ὄπιθεν καὶ κατὰ τὸ μ' οὐραγός· πλαγιοφύλακες δὲ οἱ ἄκροι τοῦ α' ζυγοῦ, ὥσθ' εἶναι τὸ τῆς εἴλης πλῆθος ἀνδρῶν ἑνὸς καὶ ἑξήκοντα. τὸ δὲ ἀπὸ τοῦ α' μέσου ζυγοῦ ἐπὶ τὸν ἰλάρχην τρίγωνον σχῆμα ἔμβολόν τε καὶ σφηνοειδὲς ὀνομάζεται· ὑπογέγραπται δὲ οὕτως·

λ'

θ' θ' θ'

ζ' ζ' ζ' ζ' ζ'

δ' δ' δ' δ' δ' δ' δ'

β' β' β' β' β' β' β' β' β'

α' α' α' α' α' α' α' α' α' α' α'

γ' γ' γ' γ' γ' γ' γ' γ' γ'

ε' ε' ε' ε' ε' ε' ε'

η' η' η' η' η'

κ' κ' κ'

μ'

hinter das γ'-Glied das von ε'ε' wieder mit zwei weniger als das γ'-Glied, so dass jeder in δ'δ' mit jedem in β'β' mit Ausnahme der Spitzen in der Reihe steht und jeder in ε'ε' mit jedem in γ'γ' mit Ausnahme der Randpositionen. Es werden also in den β'- und γ'-Gliedern jeweils 9 Männer stehen, in den daran anschließenden δ'- und ε'-Gliedern jeweils 7, ebenso auf beiden Seiten von diesen, etwa in ζ'ζ' und η'η' jeweils 5, und so weiter in θ' und κ' jeweils 3. Als einzelner übrig bleibt dann vorne bei λ' der Schwadronanführer und hinten bei μ' der Schwadronschließer. Die Flankenwächter sind die Spitzen des α'-Gliedes, so dass die Menge der Schwadron 61 Männer umfasst. Die dreieckige Formation vom mittleren α'-Glied bis zum Schwadronanführer wird Keil und Schleuderform genannt (s. o. 7.2). Hier unten steht nun die Schemazeichnung:

λ'

θ' θ' θ'

ζ' ζ' ζ' ζ' ζ'

δ' δ' δ' δ' δ' δ' δ'

β' β' β' β' β' β' β' β' β'

α' α' α' α' α' α' α' α' α' α' α'

γ' γ' γ' γ' γ' γ' γ' γ' γ'

ε' ε' ε' ε' ε' ε' ε'

η' η' η' η' η'

κ' κ' κ'

μ'

(7.7) ὅσοις δ᾽ ἤρεσε τὴν εἴλην ζυγεῖν μέν, οὐκέτι δὲ καὶ στοιχεῖν, τὸ μέγιστον καὶ μέσον ζυγὸν ἐκ περιττῶν ἀνδρῶν ὥσπερ καὶ τὸ πρότερον πεποιηκότες, οἷον τὸ α'β'γ'δ'ε'ζ'η', τὰ ἐφ᾽ ἑκάτερα μονάδι λειπόμενα τάττουσιν, ὥσπερ τὸ θ'ι'κ'λ'μ'ν' ζυγόν, ὥστε τὸ θ' μήτε τῷ α' μήτε τῷ β' στοιχεῖν, ἀλλ᾽ ἐν τῷ μεταξὺ αὐτῶν κεῖσθαι εἰς τοὔμπροσθεν, ὡς αὔ[*fol.* 137[r]]τως δὲ καὶ τῶν β'γ' τὸ ι' καὶ τῶν γ'δ' τὸ κ' καὶ τὸ λ' τῶν δ'ε', τὸ δὲ μ' τῶν ε'ζ' καὶ τῶν ζ'η' τὸ ν'. οὕτω γὰρ κειμένων οὐδὲ εἷς τῶν ἐν τῷ θ'ι'κ'λ'μ'ν' ζυγῷ οὐδενὶ τῶν ἐν τῷ α'β'γ'δ'ε'ζ'η' στοιχήσει. ὁμοίως δὲ καὶ τὸ ξ'ο'π'ρ'σ' ζυγὸν ἔμπροσθεν τοῦ θ'ι'κ'λ'μ'ν' τάσσουσιν, ὥστε τὸ ξ' μήτε τῷ θ' μήτε τῷ ι' εὐθείας εἶναι, ἀλλ᾽ ἐν τῷ μεταξὺ τόπῳ καὶ κατὰ τὸ β' τοῦ πρώτου ζυγοῦ, καὶ τὸ ο' μεταξὺ τοῦ ι'κ' ὡς κατὰ τὸ γ', καὶ τὸ π' μεταξὺ τῶν κ'λ' ὡς κατὰ τὸ δ', τὸ δὲ ρ' μεταξὺ τῶν λ'μ' ὡς κατὰ τὸ ε', καὶ τὸ σ' μεταξὺ τῶν μ'ν' κατὰ τὸ ζ'. οὕτω γὰρ τὸ ξ'ο'π'ρ'σ' ζυγὸν οὐδενὶ τῶν ἐν τῷ παρεδρεύοντι ζυγῷ στοιχήσει, οἷον τῷ θ'ι'κ'λ'μ'ν', ἀλλὰ τῷ παρ᾽ ἕνα οἷον τῷ α'β'γ'δ'ε'ζ'η'. ἔσται τοίνυν καὶ τὸ ἑξῆς ζυγὸν οἷον τὸ τ'υ'φ'χ' τῷ μὲν πρὸ αὐτοῦ μὴ στοιχοῦν τῷ ξ'ο'π'ρ'σ', τῷ δὲ παρ᾽ ἕν, οἷον τῷ θ'ι'κ'λ'μ'ν', καὶ τὸ ψ'ω'ϛ' τῷ μὲν τ'υ'φ'χ' οὐ στοιχήσει, τῷ δὲ παρὰ τοῦτο ξ'ο'π'ρ'σ', τὸ δὲ ^'^' οὐ στοιχήσει τῷ ψ'ω'ϛ', τῷ δὲ παρὰ τοῦτο τ'υ'φ'χ'· ὁ δὲ α'' ἰλάρχης μεταξὺ μὲν ἔσται τῶν ^'^', ἐπ᾽ εὐθείας δέ τινι τῶν ἐν τῷ ψ'ω'ϛ'. καὶ τούτῳ δὲ τῷ ἐμβόλῳ καὶ τὸν ὄπισθεν ἴσον τάξαντες συμπληροῦσι τὴν εἴλην, ἧς ὁ μὲν α'' ἔσται ἰλάρχης, οὐραγὸς δὲ α'' ὁ ἔσχατος τῶν δυεῖν ἐμβόλων, οἱ δὲ α' η' πλαγιοφύλακες. καὶ φανερόν, ὅτι τῆς τοιαύτης εἴλης εἰ καὶ μὴ τὰ συνεχῆ ζυγὰ στοιχεῖ, ἀλλὰ τὰ ἓν παρ᾽ ἓν κείμενα.

(7.7) Diejenigen, die es bevorzugen, die Schwadron nach Gliedern, aber nicht nach Reihen zu bilden (dazu die Schemazeichnung S. 148/149), machen das größte mittlere Glied aus einer ungeraden Anzahl Männer, wie dies die zuvor Genannten gemacht haben, etwa α'β'γ'δ'ε'ζ'η', und stellen auf beiden Seiten davon dann Glieder auf, die um einen Mann weniger haben, wie das Glied θ'ι'κ'λ'μ'ν', so dass θ' weder mit α' noch mit β' in einer Reihe steht, sondern in dem Zwischenraum zwischen ihnen vorwärts platziert ist, ebenso auch für β'γ' das ι' und für γ'δ' das κ' und das λ' für δ'ε', das μ' für ε'ζ' und für ζ'η' das ν'. Wenn sie nämlich so platziert sind, wird keiner von den Männern im Glied θ'ι'κ'λ'μ'ν' mit einem von denen im Glied α'β'γ'δ'ε'ζ'η' in einer Reihe stehen. Ebenso stellen sie auch das Glied ξ'ο'π'ρ'σ' vor das θ'ι'κ'λ'μ'ν', so dass ξ' weder mit θ' noch mit ι' in gerader Linie steht, sondern in dem Zwischenraum und bei β' des ersten Gliedes, und ο' zwischen ι'κ' wie bei γ', π' zwischen κ'λ' wie bei δ', ρ' zwischen λ'μ' wie bei ε' und σ' zwischen μ'ν' wie bei ζ'. So wird im Glied ξ'ο'π'ρ'σ' niemand mit denen im davor platzierten Glied in einer Reihe stehen, etwa θ'ι'κ'λ'μ'ν', sondern mit dem eins weiter, etwa dem Glied α'β'γ'δ'ε'ζ'η'. Es ist also das nächste Glied, etwa τ'υ'φ'χ', nicht mit dem vor (oder hinter) ihm, ξ'ο'π'ρ'σ' in einer Reihe, wohl aber mit dem eins weiter, etwa θ'ι'κ'λ'μ'ν', und ψ'ω'ς' nicht in einer Reihe mit τ'υ'φ'χ', wohl aber mit dem danach, ξ'ο'π'ρ'σ', das ^'^' nicht in einer Reihe mit ψ'ω'ς', wohl aber mit dem danach τ'υ'φ'χ'. Der α''-Schwadronanführer wird im Zwischenraum ^'^' in gerader Linie mit einem von denen in ψ'ω'ς' sein. Und in diesem Keil stellen sie auch die Rückseite ebenso auf und vollenden so die Schwadron, bei der α'' der Schwadronanführer ist, der Schwadronschließer aber das hintere α'' der zwei Keile ist sowie α' und η' die Flankenwächter sind. Es ist offenkundig, dass bei dieser Schwadron zwar nicht die benachbarten Glieder in der Reihe stehen, wohl aber die übernächsten.

(7.8) ἐπεὶ δὲ συνέβη ζυγεῖν μέν, οὐ στοιχεῖν δέ, τοῦτο ἡμῶν φροντιζόντων, στοιχεῖν λέγεται εἴ γε μόνως ἐν τῇ τάξει φροντίζομεν πρώτου τοῦ κατὰ τὸν ἰλάρχην τε καὶ οὐραγὸν στίχου, οἷον τοῦ α''ω'π'δ'π'ω'α'' καὶ τῶν ἐφ᾽ ἑκάτερα, οἷον ^'υ'κ'κ'υ'^' καὶ ^'φ'λ'λ'φ'^', ἔπειτα τῶν μετὰ τούσδε, οἷον τοῦ τε ψ'ο'γ'ο'ψ' καὶ τοῦ ϛ'ρ'ε'ρ'ϛ', εἶτα τῶν ἐφεξῆς, τοῦτ᾽ ἔστι τοῦ τε τ'ι'ι'τ' καὶ τοῦ χ'μ'μ'χ', καὶ τῶν μετὰ τούτους ξ'β'ξ' καὶ σ'ζ'σ', καὶ ἔτι τῶν παρὰ τούτους τοῦ τε θ'θ' καὶ τοῦ ν'ν' καὶ τελευταίων τῶν κατὰ τοὺς πλαγιοφύλακες. οὐδὲν μὲν διοίσει κατὰ τὴν θέσιν τοῦ ζυγοῦντος μέν, μὴ στοιχοῦντος δέ, τῇ δ᾽ ἡμετέρᾳ λήψει τῆς τάξεως καὶ τῇ φροντίδι στοιχήσει μέν, δι᾽ ὅτι οἱ τεταγμένοι κατὰ στοῖχον ἀλλήλους συνέχουσιν, οὐ ζυγήσει δέ, ὅτι ὁ πρῶτος τοῦ πρώτου στοίχου, οἷον ὁ α'', τῷ τοῦ δευτέρου πρώτῳ, οἷον τῷ ^', οὐκ ἐπ᾽ εὐθείας ἐστὶν <κατὰ τὸ ζυγεῖν>.

(7.9) ἀλλὰ καὶ ὅσοι μήτε ζυγεῖν μήτε στοιχεῖν μᾶλλον τὴν εἴλην προὐθυμήθησαν, ἄλλον τρόπον εἰς ταύτην ἐπῄνεσαν τὴν θέσιν· τάσσουσι γὰρ πρῶτον τῆς εἴλης πρόσωπον καὶ οἷον ζυγὸν τὰς εἰς τοὔμπροσθεν δύο πλευρὰς τοῦ ῥομβοειδοῦς, οἷον α'θ'ξ'τ'ψ'^'α''^'ϛ'χ'σ'ν'η', λαβδοειδὲς σχῆμα, εἶθ᾽ ἑξῆς ὑπὸ τοῦτο δυάδι αὐτοῦ λειπόμενον τὸ θ'β'ι'ο'υ'ω'φ'ρ'μ'ζ'ν', εἶτα ξ'ι'γ'κ'π'λ'ε'μ'σ' δυάδι καὶ τοῦτο τοῦ πρὸ αὐτοῦ λειπό[*fol.* 137[v]]μενον, ζυγαρχοῦντος τοῦ ἐν τῇ κατὰ τὸ μέσον γωνίᾳ, οἷον τῶν α'' ω' π', ἑξῆς δὲ τούτῳ τὸ τ'ο'κ'δ'λ'ρ'χ', οὗ ζυγάρχης ὁ δ', καὶ ὑπὸ τοῦτο τὸ ψ'υ'π'φ'ϛ', ὑφ᾽ ὃ τὸ ^'ω^', καὶ ἔσχατος οὐραγὸς ὁ α''. φανερὸν οὖν ὅτι θέσει μὲν οὐδὲν διοίσει τῶν προτέρων, λήψει δὲ μόνον, ὡς ἐκ τῆς ὑπογραφῆς δῆλον ἔσται.

(7.8) Auch wenn man in diesem Fall Glieder, aber keine Reihen bilden will, wird nach unserer Betrachtung von Reihenbildung gesprochen, falls wir in der Stellung nur die erste Reihe vom Schwadronanführer zum Schwadronschließer betrachten, etwa α''ω'π'δ'π'ω'α'', und die auf den beiden Seiten, etwa ^'υ'κ'κ'υ'^' und ^'φ'λ'λ'φ'^', dann so weiter, d. h. ψ'ο'γ'ο'ψ' und ς'ρ'ε'ρ'ς', dann so weiter, d. h. τ'ι'ι'τ' und χ'μ'μ'χ', und danach ξ'β'ξ' und σ'ζ'σ', und nach diesen dann θ'θ' und ν'ν' und schließlich die bei den Flankenwächtern. In nichts wird sich dies unterscheiden von der Aufstellung dessen, der Glieder, aber keine Reihen bilden will. In unserer Auffassung der Stellung und in dieser Betrachtung bilden sie Reihen, durch welche die Aufgestellten in der Reihe miteinander verbunden sind, nicht aber Glieder, so dass der erste der ersten Reihe, etwa der α'', mit dem ersten der zweiten, etwa dem ^', nicht in gerader Linie ist bei der Gliedbildung.

(7.9) Wenn aber manche weder nach Glied noch nach Reihe dic Schwadron aufzustellen bevorzugten (dazu ebenfalls die Schemazeichnung S. 148/149), empfahlen sie eine andere Weise für diese Platzierung: Sie stellen zuerst die Stirn der Schwadron und gleichsam als Glied die beiden vorderen Seiten der rautenförmigen Formation auf, etwa α'θ'ξ'τ'ψ'^'α''^'ς'χ'σ'ν'η', eine Λ-förmige Formation, dann daran anschließend, um zwei vermindert, θ'β'ι'ο'υ'ω'φ'ρ'μ'ζ'ν', dann ξ'ι'γ'κ'π'λ'ε'μ'σ', ebenfalls gegenüber der vorigen um zwei vermindert, wobei die mittlere Ecke das Glied führt, etwa α'', ω' bzw. π', im Anschluss daran τ'ο'κ'δ'λ'ρ'χ', dessen Gliedanführer δ' ist, und dahinter ψ'υ'π'φ'ς', dahinter ^'ω'^' und als letztes der Schwadronschließer α''. Es ist offenkundig, dass sich dies von dem vorigen nicht durch die Platzierung unterscheidet, sondern nur durch die Auffassung, wie aus der nachstehenden Schemazeichnung offenbar wird:

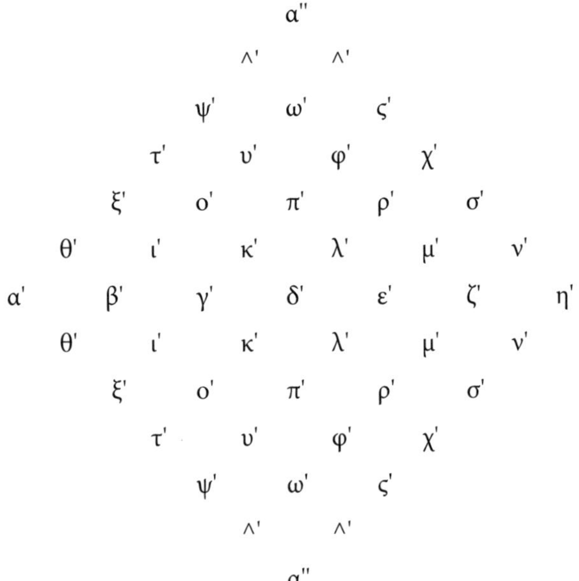

(7.10) τάττουσι δὲ τὰς εἴλας, ὥσπερ καὶ τὰ ψιλά, τοτὲ μὲν πρὸ τῆς φάλαγγος, τοτὲ δὲ ὑπὸ τῇ φάλαγγι ἄλλοτε δ' ἐκ πλαγίων, ὅθεν καὶ τούτων τὸ πλῆθος φάλαγγα μὲν οὐ καλοῦσιν, ἐπίταγμα δέ, ὥσπερ καὶ τὸ τῶν ψιλῶν, δι' ὅτι ἐπὶ τῇ φάλαγγι τάττονται πρὸς τὰς παρακαλούσας αὐτὴν χρείας.

(7.11) τὰς μὲν οὖν δύο εἴλας ἐπιλαρχίαν ὠνόμασαν, τὰς δὲ δύο ἐπιλαρχίας Ταραντιναρχίαν, τὰς δὲ δύο Ταραντιναρχίας ἱππαρχίαν, τὰς δὲ δύο ἱππαρχίας ἐφιππαρχίαν, τὸ δὲ διπλοῦν τῆς ἐφιππαρχίας τέλος ἀνάλογον τῷ κέρατι τῆς φάλαγγος. ἀπὸ γοῦν τῶν δύο τελῶν τὸ ὅλον ἐπίταγμα γίνεται ἀνάλογον τῇ φάλαγγι.

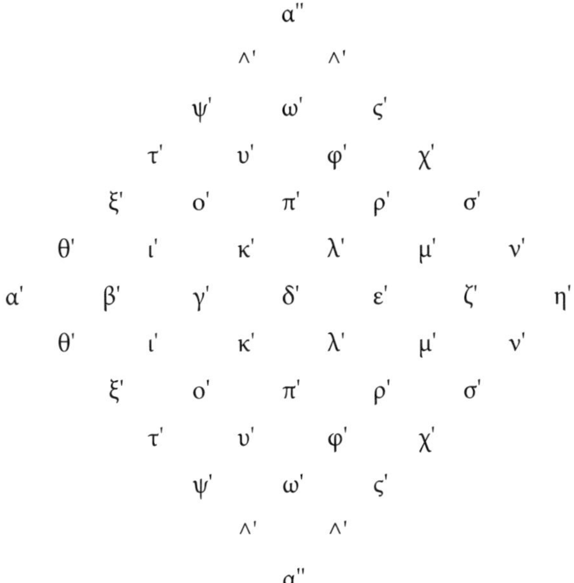

(7.10) Man stellt aber die Schwadronen, wie auch die Leichtbewaffneten, bald vor die Phalanx, bald hinter die Phalanx, ein andermal auf die Seiten, weshalb man auch deren Menge nicht Phalanx nennt, sondern *Epitagma*, wie auch die der Leichtbewaffneten, weil sie bei der Phalanx aufgestellt werden (*epi … tattein*), je nach den Notwendigkeiten.

(7.11) Zwei Schwadronen nannte man eine *Epilarchia*, zwei *Epilarchiai* eine *Tarantinarchia*, zwei *Tarantinarchiai* eine *Hipparchia*, zwei *Hipparchiai* eine *Ephipparchia*, zwei *Ephipparchiai* ein *Telos* entsprechend zum Horn (s. o. 2.10) der Phalanx. Aus zwei *Tele* schließlich besteht das ganze *Epitagma* (s. o. 2.10), wie entsprechend bei der Phalanx.

η'. περὶ ἁρμάτων

(8.1) τῶν δὲ ἁρμάτων καὶ ἐλεφάντων εἰ καὶ τὴν χρῆσιν σπανίζουσαν εὑρίσκομεν, ἀλλ' ὁμῶς πρὸς τὸ τέλειον τῆς γραφῆς τὰς ὀνομασίας ἐκθησόμεθα. καλοῦσι τοίνυν τὰ μὲν δύο ἅρματα ζυγαρχίαν, τὰς δὲ δύο ζυγαρχίας συζυγίαν, δύο δὲ συζυγίας ἐπισυζυγίαν, δύο δὲ ἐπισυζυγίας ἁρματαρχίαν, καὶ τὸ ἐκ τῶν ἁρματαρχιῶν κέρας, οὗ τὸ διπλάσιον φάλαγγα. πλείοσι δὲ φάλαγξι ἁρμάτων χρώμενον ἔξεστι ταῖς αὐταῖς ὀνομασίαις συγκεχρῆσθαι. ἔστι δὲ τῶν ἁρμάτων τὰ μὲν ψιλά, τὰ δὲ δρεπανηφόρα κατὰ τοὺς ἄξονας.

θ'. περὶ ἐλεφάντων

(9. 1) ἐπὶ δὲ τῶν ἐλεφάντων ὁ μὲν ἑνὸς ἐλέφαντος ἄρχων ζῴαρχος ὀνομάζεται, ὁ δὲ δυεῖν θήραρχος καὶ τὸ σύστημα θηραρχία, ὁ δὲ τεσσάρων ἐπιθήραρχος καὶ ἐπιθηραρχία τὸ σύστημα, ὁ δὲ τῶν ὀκτὼ ἰλάρχης, τῶν δὲ ἑξκαίδεκα ἐλεφαντάρχης, κεράρχης δὲ ὁ τῶν δύο καὶ τριάκοντα, ὁ δὲ τῶν διπλασιόνων φαλαγγάρχης, καὶ ὁμωνύμως τὸ σύστημα καθ' ἑκάστην [*fol.* 138[r]] ἀρχὴν κεκλήσεται.

ι'. περὶ τῶν κατὰ τὴν κίνησιν ὀνομασιῶν

(10.1) τὰ μὲν οὖν εἴδη τῆς τελείας δυνάμεως καὶ τὰ ὀνόματα τῶν ἐν αὐτῇ ταγμάτων εἴρηται· ἑξῆς δὲ περὶ τῶν ὀνομάτων ἀκόλουθον λέγειν, οἷς χρώμενοι μεταρρυθμίζουσιν οἱ στρατηγοὶ τὰς φάλαγγας· φασὶ γὰρ τὸ μέν τι κλίσιν ἐπὶ

8. Über Wagen

(8.1) Von den Wagen und den Elefanten finden wir zwar nur selten, dass sie gebraucht werden, wollen aber der Vollständigkeit halber dieser Schrift davon handeln. Man nennt nun zwei Wagen *Zygarchia*, zwei *Zygarchiai* eine *Syzygia*, zwei *Syzygiai* eine *Episyzygia*, zwei *Episyzygiai* eine *Harmatarchia*, und das aus zwei *Harmatarchiai* Bestehende ein Horn, von dem das doppelte eine Phalanx. Wenn mehr als eine Wagen-Phalanx verwendet werden soll, ist es möglich, dass dieselben Benennungen für jede Phalanx verwendet werden. Von den Wagen sind einige leicht bewaffnet, andere sind an den Achsen als Sichelwagen ausgestattet.

9. Über Elefanten

(9.1) Bei den Elefanten heißt der Anführer eines Elefanten *Zoarchos*, der von 2 *Therarchos* und seine Schar *Therarchia*, der von 4 *Epitherarchos* und seine Schar *Epitherarchia*, der von 8 *Ilarches*, der von 16 *Elephantarches*, *Kerarches* der von 32 und der von der doppelten Zahl *Phalangarches*. Und ebenso wird die Schar bei jeder *Arche* bezeichnet.

10. Über die Namen bei den Bewegungen

(10.1) Die Arten der vollständigen Streitkraft und die Namen ihrer Scharen sind nun besprochen. Nachstehend ist es folgerichtig, über die Namen zu sprechen, die von den Feldherren der Phalanx für die Umplatzierungen benutzt werden. Man spricht nämlich von Drehung (*klisis*) zum Speer

δόρυ ἢ ἐπ᾽ ἀσπίδα, τὸ δὲ μεταβολὴν καὶ ἐπιστροφήν, ἄλλο καὶ ἀναστροφήν, ἕτερον καὶ <περισπασμὸν> καὶ ἐκπερισπασμόν, ἀποκατάστασίν τε καὶ ἐπικατάστασιν, στοιχεῖν τε καὶ ζυγεῖν καὶ εἰς ὀρθὸν ἀποδοῦναι καὶ ἐξελίσσειν καὶ διπλασιάζειν· φασὶ δέ τι καὶ ἐπαγωγὴν καὶ παραγωγὴν δεξιὰν ἢ λαιὰν καὶ πλαγίαν φάλαγγα καὶ ὀρθίαν καὶ λοξήν, καὶ παρεμβολὴν καὶ παρένθεσιν, πρόταξίν τε καὶ ὑπόταξιν καὶ ἐπίταξιν, ὧν ἕκαστον ὅ τι σημαίνει, δηλῶσαι διὰ βραχέων πειρασόμεθα.

(10.2) κλίσις μὲν οὖν ἐστιν ἡ κατ᾽ ἄνδρα κίνησις, ἐπὶ δόρυ μὲν ἡ ἐπὶ δεξιά, ἐπ᾽ ἀσπίδα δὲ ἡ ἐπ᾽ ἀριστερά, ἐπὶ δὲ τῶν ἱπποτῶν ἐφ᾽ ἡνίαν· γίνεται δὲ κατὰ τὰς ἐκ πλαγίων ἐφόδους τῶν πολεμίων ἀντιπορίας χάριν ἢ ὑπερκεράσεως ὅπερ ἐστὶν ὑπερβαλέσθαι τὸ κέρας τῶν πολεμίων.

(10.3) ἡ δὲ δὶς ἐπὶ τὸ αὐτὸ γινομένη κλίσις κατὰ νώτου τὰς τῶν ὁπλιτῶν ὄψεις μετατιθεῖσα καλεῖται μεταβολή, ἧς δύο διαφοραί, ἡ μὲν ἀπὸ τῶν πολεμίων, ἥν καὶ ἐπ᾽ οὐρὰν ἐπονομάζουσιν, ἡ δ᾽ ἐπὶ τοὺς πολεμίους ἀπ᾽ οὐρᾶς καλουμένη.

(10.4) ἐπιστροφὴ δέ ἐστιν, ὅτ᾽ ἂν πυκνώσαντες ὅλον τὸ σύνταγμα κατὰ λόχον τε καὶ ζυγὸν ὡς ἑνὸς ἀνδρὸς σῶμα κλίνωμεν, ὡς ἂν περὶ κέντρον περὶ τὸν πρῶτον λοχαγόν, εἰ μὲν ἐπὶ δόρυ, τὸν δεξιόν, εἰ δὲ ἐπ᾽ ἀσπίδα, τὸν ἀριστερὸν ὅλου τοῦ συντάγματος περιενεχθέντος καὶ μεταλαβόντος τὸν ἔμπροσθεν τόπον καὶ ἐπιφάνειαν, ἐπὶ δόρυ μὲν τὴν ἐκ δεξιῶν, ἐπ᾽ ἀσπίδα δὲ τὴν ἐπὶ λαιάν.

oder zum Schild, von Kehrtwendung (*metabole*) und Viertelschwenkung (*epistrophe*) sowie von Zurückschwenkung (*anastrophe*), Zurückplatzierung (*apokatastasis*) und Weiterplatzierung (*epikatastasis*), von Reihenbilden (*stoichein*) und Gliedbilden (*zygein*), vom »Drehen wieder geradeaus« (*es orthon apodounai*), vom »Wendemanöver Durchführen« (*exelissein*) und vom Verdoppeln (*diplasiazein*). Man spricht auch vom Marsch hintereinander (*epagoge*), Marsch nebeneinander (mit Anführer) rechts (*dexia paragoge*) und links (*euonymos paragoge*), von Querphalanx (*plagia*), Längsphalanx (*orthia*) und Schrägphalanx (*loxe*), von Einschub (*parembole*), Vorwärtsstellung (*protaxis*), Rückenstellung (*hypotaxis*) und Seitenstellung (*epitaxis*). Was davon jeder Begriff bedeutet, wollen wir in Knappheit kundzutun versuchen.

(10.2) Drehung also ist die Bewegung Mann für Mann, zum Speer die nach rechts, zum Schild die nach links, bei den Reitern die zum Zügel. Dies geschieht bei Angriffen der Feinde an den Flanken zur Durchfühung eines Gegenmarschs oder einer Überhörnung (Überflügelung), was bedeutet, dass ein Horn über die Feinde hinauskommt.

(10.3) Eine doppelte Drehung kehrt die Blickrichtung des Hopliten zur rückwärtigen Außenseite um; davon gibt es zwei unterschiedliche Arten, die von den Feinden weg, die man auch als »zum Schwanz« bezeichnet, oder die zu den Feinden hin, die man als »weg vom Schwanz« benennt.

(10.4) Eine Viertelschwenkung ist es, wenn wir die gesamte Einheit nach Verdichtung in Reihe und Glied wie den Körper eines einzigen Mannes (also nicht jeden für sich) drehen, so dass sie um den ersten Reihenführer als Fixpunkt geschwenkt wird, zum Speer um den rechten, zum Schild um den linken, so dass die ganze Einheit nach der Schwenkung den Platz und die Außenseite zum Speer auf der rechten, zum Schild auf der linken Seite übernimmt.

(10.5) οἷον ἔστω σύνταγμα τὸ α'β'γ'δ', λοχαγῶν δ᾽ ἐν αὐτῷ ζυγὸν τὸ α'β'· δῆλον δέ, ὅτι δεξιὸς μὲν ἔσται λοχαγὸς ὁ κατὰ τὸ β', λαιὸς δὲ ὁ κατὰ τὸ α', καὶ ἐπὶ δόρυ μὲν τὰ κατὰ τὸ β' μέρη, ἐπ᾽ ἀσπίδα δὲ τὰ κατὰ τὸ α'· μένοντος τοίνυν τοῦ β', εἰ ἐπιστρέφομεν ὅλον τὸ α'β'γ'δ' σύνταγμα ἐπὶ δόρυ, τὸ κατὰ τὴν α'β' ζυγὸν μεταστήσεται ἐπὶ τὴν πρὸς ὀρθὰς αὐτῷ θέσιν τὴν β'ε' καὶ ὅλον τὸ β'α'δ'γ' ἔσται ὡς τὸ β'ε'ζ'η' ἐπεστραμμένον ἐπὶ δόρυ καὶ κατειληφὸς τόπον μὲν τὸν ἔμπροσθεν, ἐπιφάνειαν δὲ τὴν δεξιάν.
(10.6) ἀναστροφὴ δέ ἐστιν ἀποκατάστασις τῆς ἐπιστροφῆς εἰς ὃν προκατεῖχε τὸ σύνταγμα τόπον, οἷον τὸν κατὰ τὸ α'β'γ'δ'.
(10.7) περισπασμὸς δέ ἐστιν <ἡ> ἐκ δυεῖν ἐπιστροφῶν τοῦ συντάγματος κίνησις κατὰ τὸ αὐτὸ μέρος [*fol.* 138v] ὡς τὸ β'θ'κ'λ'· τῆς μὲν γὰρ πρώτης ἐπιστροφῆς τῆς κατὰ τὸ β'ε'ζ'η' ἐπέχει τόπον μὲν τὸν ἔμπροσθεν, ἐπιφάνειαν δὲ τὴν δεξιάν, τῆς δ<ὲ δευτέρας> ἐξ ἀρχῆς θέσεως τῆς α'β'γ'δ' εἰς τοὐπίσω βλέπει.
(10.8) ἐκπερισπασμὸς δέ ἐστιν, ὅτ᾽ ἂν ἐκ τριῶν ἐπιστροφῶν ἐπὶ τὰ αὐτὰ συνεχῶν κινῆται τὰ συντάγματα εἰς τὸν ὄπιθεν τόπον καὶ τὴν εἰς λαιὸν ἐπιφάνειαν, καθάπερ ἔχει τὸ β'μ'ν'ξ', τοῦ μὲν β'θ'κ'λ' εἰς τοὔμπροσθεν κατὰ τὴν δεξιὰν κείμενον ἐπιφάνειαν, τοῦ δὲ κατὰ τὴν ἐξ ἀρχῆς θέσιν β'α'δ'γ' εἰς τοὔπισθέν τε μεταπεσὸν καὶ τὴν ἀριστερὰν βλέπον ἐπιφάνειαν.
(10.9) καὶ φανερόν, ὅτι τὸν ἐκπερισπασμὸν οὐ κατὰ ἀναστροφὴν ἀποκαθιστάνειν προσήκει – δεησόμεθα γὰρ τριῶν ἀναστροφῶν, ἵνα ἀποκαταστῇ, τῆς τε ἐπὶ τὸ β'θ'κ'λ' καὶ τῆς ἐπὶ τὸ β'ε'ζ'η' καὶ ἔτι τῆς ἐπὶ τὸ β'α'δ'γ' –, ἀλλὰ κατ᾽ ἐπιστροφὴν μίαν τὴν ἐπὶ τὸ δόρυ, δι᾽ ὅτι τὸ β'α'δ'γ' τοῦ β'μ'ν'ξ' τόπον μὲν ἔχει τὸν ἔμπροσθεν, ἐπιφάνειαν δὲ τὴν ἐκ δεξιῶν. καλεῖται δὲ ἡ κατ᾽ ἐπιστροφὴν εἰς τὸ ἐξ ἀρχῆς ἀποκατάστασις ἐπικατάστασις.

(10.5) Es sei (dazu die Schemazeichnung S. 156/157) die Einheit α'β'γ'δ' und das Glied der Reihenführer in ihr α'β'. Es ist offenkundig, dass der rechte Reihenführer der bei β' ist, der linke der bei α', und dass zum Speer die Teile bei β' stehen, zum Schild die bei α'. Wenn nun β' stehen bleibt und wir die ganze Einheit α'β'γ'δ' zum Speer schwenken, wird das Glied α'β' rechtwinklig dazu in die Stellung β'ε' kommen und das ganze β'α'δ'γ' wird zu β'ε'ζ'η' nach Schwenkung zum Speer und Übernahme des Platzes vor sich mit der Außenseite nach rechts.

(10.6) Eine Zurückschwenkung ist eine Zurückplatzierung der Viertelschwenkung zu dem Platz, den die Einheit vorher innehatte, also etwa zu α'β'γ'δ'.

(10.7) Eine Halbschwenkung ist die Bewegung der Einheit durch zwei Viertelschwenkungen in dieselbe Richtung wie etwa β'θ'κ'λ'. Durch die erste Viertelschwenkung nach β'ε'ζ'η' nimmt (die Einheit) den Platz vor ihr ein und die Außenseite nach rechts, durch die zweite blickt sie im Vergleich zur anfänglichen Stellung α'β'γ'δ' nach hinten.

(10.8) Eine Dreiviertelschwenkung ist es, wenn die Einheiten durch drei Viertelschwenkungen in die gleiche Richtung zum rückwärtigen Platz und nach links bewegt werden, wie das bei β'μ'ν'ξ' der Fall ist, von β'θ'κ'λ' aus zum Platz vor sich mit der Außenseite nach rechts, von der anfänglichen Stellung β'α'δ'γ' aus zum Platz hinter sich mit nach links blickender Außenseite.

(10.9) Und es ist deutlich, dass die Dreiviertelschwenkung nicht mit einer Zurückschwenkung zurückplatziert werden muss – wir würden ja drei Zurückschwenkungen brauchen, damit sie zurückplatziert wird, nämlich nach β'θ'κ'λ', dann nach β'ε'ζ'η' und dann noch nach β'α'δ'γ' –, sondern mit einer einzigen Viertelschwenkung zum Speer, so dass β'α'δ'γ' von β'μ'ν'ξ' aus den Platz vor sich einnimmt mit der Außenseite nach rechts. Diese Zurückplatzierung durch eine Viertelschwenkung zur anfänglichen Aufstellung wird auch Weiterplatzierung genannt.

(10.10) ἡ μὲν οὖν πρώτη ἐπιστροφὴ καὶ ἡ τρίτη καλουμένη ἐκπερισπασμὸς μοναχῶς ἀποκαθίστανται, ἡ μὲν κατὰ ἀναστροφὴν μόνως ἡ β'ε'ζ'η', ἡ δὲ κατ' ἐπιστροφὴν μόνως ἡ β'μ'ν'ξ'· ἡ δὲ δὴ μέση τούτων ἡ β'θ'κ'λ', ἣν καὶ περισπασμὸν καλοῦμεν, διχῶς ἀποκαθίστανται, δι' ὅτι ἡ κατὰ ἀναστροφὴν κίνησις αὐτῆς ἴση ἐστὶ τῇ κατ' ἐπιστροφήν· δύο γὰρ ἀναστροφαῖς ἀποκαταστήσεται τῇ τε εἰς τὸ β'ε'ζ'η' καὶ τῇ εἰς τὸ β'α'δ'γ', καὶ δύο ἐπιστροφαῖς ἐπικαταστήσεται, τῇ τε εἰς τὸ β'μ'ν'ξ' καὶ τῇ εἰς τὸ β'α'δ'γ'. (10.11) εἰ δ' ἐπ' ἀσπίδα ποιοίμεθα τὴν ἐπιστροφήν, τόπον ἐφέξει τὸ σύνταγμα καὶ οὕτω τὸν ἔμπροσθεν, ἐπιφάνειαν δὲ ἐναντίαν τὴν κατ' ἀριστεράν· μεταταχθὲν γὰρ τὸ α'β'γ'δ' περὶ μένοντα τὸν α' λοχαγὸν θέσιν ἕξει τὴν α'ο'π'ρ' κατὰ πρώτην ἐπιστροφήν, κατὰ δὲ περισπασμὸν τὴν α'σ'τ'υ', ἐκπερισπασθεῖσα δὲ τὴν α'φ'χ'ψ' καὶ ἐπικατασταθεῖσα τὴν α'β'γ'δ'. ἡ δὲ τῶν καταστάσεων διαφορὰ ὁμοία ταῖς ἐπὶ δόρυ σοι νοείσθω.

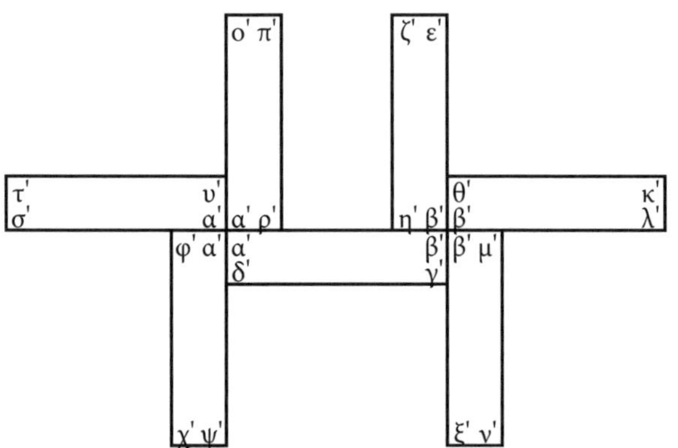

(10.10) Die erste Viertelschwenkung und die dritte namens Dreiviertelschwenkung werden je für sich zurückplatziert, die eine durch eine einzige Zurückschwenkung, nämlich β'ε'ζ'η', die andere durch eine einzige Viertelschwenkung, nämlich β'μ'ν'ξ'. Die mittlere zwischen diesen beiden, nämlich β'θ'κ'λ', die wir auch Halbschwenkung nennen, wird auf zwei Weisen zurückplatziert, da die Bewegung durch Zurückschwenkung genau dieselbe ist wie durch Viertelschwenkung: Durch zwei Zurückschwenkungen, die nach β'ε'ζ'η' und die nach β'α'δ'γ', wird sie zurückplatziert, und durch zwei Viertelschwenkungen, die nach β'μ'ν'ξ' und die nach β'α'δ'γ', wird sie weiterplatziert.

(10.11) Wenn wir die Viertelschwenkung zum Schild machen, wird auch so die Einheit den Platz vor sich einnehmen, ihre Außenseite aber entgegengesetzt nach links haben; umgestellt wird α'β'γ'δ' um den stehenbleibenden Reihenführer α' und so die Stellung α'ο'π'ρ' nach der ersten Viertelschwenkung einnehmen, nach der Halbschwenkung α'σ'τ'υ', nach der Dreiviertelschwenkung α'φ'χ'ψ' und nach der Weiterplatzierung wieder α'β'γ'δ'. Die Variante der Platzierungen entsprechend denen zum Speer wird dir einleuchten.

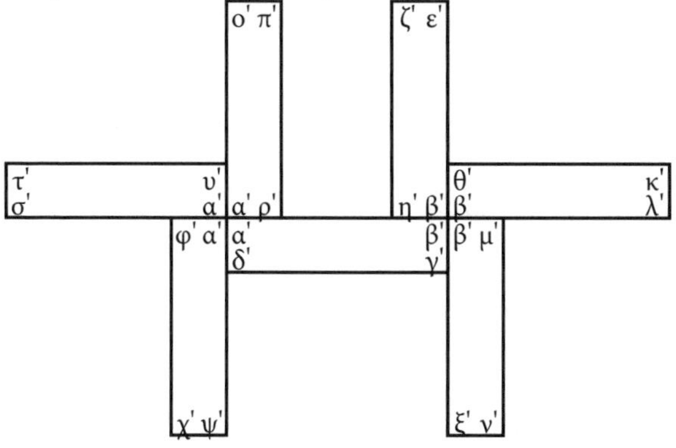

ταῦτα δὲ γίνεται ὁπότ᾽ ἂν οἱ πολέμιοι παραφαίνωνται κατὰ πλευρὰν τῆς φάλαγγος.

(10.12) εἰς ὀρθὸν δέ ἐστιν ἀποδοῦναι τὸ ἐπὶ τὴν ἐξ ἀρχῆς θέσιν ἀποκαταστῆσαι ἄνδρα ἕκαστον ὥστε, εἰ ἐπὶ δόρυ κλίνειν ἐκ τῶν πολεμίων κελεύοιντο [*fol.* 139[r]] εἶτα αὖθις ἐπ᾽ ὀρθὸν ἀποδοῦναι, δεήσει ἐπὶ τοὺς πολεμίους πάλιν τρέπεσθαι.

(10.13) ἐξελιγμὸς δὲ γίνεται τριχῶς, Μακεδονικός τε καὶ Λακωνικὸς καὶ ἔτι Κρητικὸς ἤτοι Περσικός· τοῦτο δὲ γίνεται διχῶς, ἢ κατὰ στοῖχον ἢ κατὰ ζυγόν. Μακεδονικὸς μὲν οὖν ἐστιν ἐξελιγμός, ὅτ᾽ ἂν τοῦ λοχαγοῦντος ζυγοῦ τὸν οἰκεῖον τόπον ἐπέχοντος τὰ ὀπίσω ζυγὰ τὸν ἔμπροσθεν καταλάβῃ τόπον μεθισταμένων μέχρις οὐραγοῦ, εἶτα κατ᾽ ἄνδρα μεταβαλλόντων· οἷον εἰ τοῦ α'β'γ'δ'ε' ζυγοῦ λοχαγοῦντος καὶ μένοντος ἐπὶ ταὐτοῦ τὰ εἰς τοὐπίσω τὸ ζ'η'θ'ι'κ' καὶ τὸ λ'μ'ν'ξ'ο' εἰς τὸ πρόσω καθίστηται, ἤτοι κατὰ ζυγόν, ὥστε τὸ ζ'η'θ'ι'κ' μεταστῆναι πρότερον καὶ γενέσθαι κατὰ τὸ π'ρ'σ'τ'υ', ἔπειτα τὸ λ'μ'ν'ξ'ο' κατὰ τὸ φ'χ'ψ'ω'ϛ', ἢ κατὰ στοῖχον, ὥστε τὰ μὲν κ'ο' γενέσθαι κατὰ τὰ υ'ϛ', τὰ δὲ ι'ξ' κατὰ τὰ τ'ω' καὶ τὰ ἑξῆς, οἷον τὰ θ'ν' κατὰ τὰ σ'ψ' καὶ τὰ η'μ' κατὰ τὰ ρ'χ' καὶ <τὰ> ζ'λ' κατὰ τὰ π'φ'· εἶτα καὶ κατ᾽ ἄνδρα μεταβάλωσιν ἀπὸ οὐραγοῦ, τόδε ἐστὶν ἀπεστράφθαι μὲν τὰ <π'ρ'σ'τ'υ' καὶ τὰ> φ'χ'ψ'ω'ϛ' μέρη, βλέπειν δὲ κατὰ τὰ α'β'γ'δ'ε' διὰ τὸ ὄπιθεν ὀφθῆναι τοὺς πολεμίους. φανερὸν δὲ ὅτι κατὰ τοῦτον τὸν ἐξελιγμὸν ἡ φάλαγξ δόξειεν ἂν ὑποχωρεῖν τοῦ οἰκείου τόπου καὶ φυγῇ παραπλήσιον ποιεῖν, ὃ δὴ θαρραλεωτέρους μὲν ποιεῖ τοὺς πολεμίους, ἀσθενεστέρους δὲ τοὺς ἐξελίσσοντας.

(10.14) ὁ δὲ Λακωνικὸς ἐξελιγμὸς τὸν ἐναντίον τούτῳ μεταλαμβάνει τόπον· μεταβάλλει γὰρ ἕκαστος ἐπ᾽ οὐράν, μένοντος τοῦ οὐραγοῦντος ζυγοῦ οἷον τοῦ λ'μ'ν'ξ'ο'· τὰ γὰρ λοιπά, τό τε ζ'η'θ'ι'κ' καὶ τὸ α'β'γ'δ'ε' μεθίσταται ἐφ᾽

Dies geschieht, wenn die Feinde an der Seite der Phalanx erscheinen.

(10.12) Das »Drehen wieder geradeaus« (*es orthon apodounai*) ist das Wiedereinnehmen der anfänglichen Stellung durch jeden einzelnen Mann, so dass, wenn ihm zunächst zwecks Ausrichtung gegen die Feinde befohlen worden war, sich zum Speer zu drehen, und dann das »Drehen wieder geradeaus«, er sich nötigenfalls erneut gegen die Feinde wenden muss.

(10.13) Ein Wendemanöver geschieht auf drei Arten: makedonisch, lakonisch bzw. kretisch oder persisch; es gibt zwei Möglichkeiten, nach der Reihe oder nach dem Glied. Makedonisch ist das Wendemanöver, wenn das Glied der Reihenführer den eigenen Platz festhält und die hinteren Glieder den Platz davor übernehmen, wobei sie sich bis zum Reihenschließer umplatzieren und dann Mann für Mann kehrt machen. Es sei (dazu die Schemazeichnung S. 160/161) etwa das Reihenführer-Glied α'β'γ'δ'ε', das stehen bleibt, und die Glieder hinter ihm ζ'η'θ'ι'κ' und λ'μ'ν'ξ'ο' stellen sich nach vorne, also vor das Glied, so dass ζ'η'θ'ι'κ' sich nach vorne umstellt und π'ρ'σ'τ'υ' wird, dann λ'μ'ν'ξ'ο' nach φ'χ'ψ'ω'ς', oder nach der Reihe, so dass κ'ο' nach υ'ς' kommt und ι'ξ' nach τ'ω' usw., also θ'ν' nach σ'ψ' und η'μ' nach ρ'χ' und ζ'λ' nach π'φ'. Dann machen sie Mann für Mann vom Reihenschließer an kehrt – d. h. sie tauschen die Teile π'ρ'σ'τ'υ' und φ'χ'ψ'ω'ς' – und blicken nach α'β'γ'δ', weil die Feinde von hinten zu sehen sind. Es ist deutlich, dass bei diesem Wendemanöver die Phalanx ihren eigenen Platz zu räumen und etwas einer Flucht Ähnliches zu tun scheint, was die Feinde kühner macht und die das Wendemanöver Durchführenden schwächer.

(10.14) Das lakonische Wendemanöver nimmt den dazu entgegengesetzten Platz ein; es macht nämlich jeder zum Schwanz hin kehrt, wobei das Reihenschließerglied, also λ'μ'ν'ξ'ο', stehen bleibt. Die übrigen, ζ'η'θ'ι'κ' und α'β'γ'δ'ε',

ἑκάτερα τοῦ οὐραγοῦντος, διχῶς δῆλον ὅτι, ἤτοι κατὰ στοῖχον ἢ κατὰ ζυγόν, καὶ θέσιν ἔχει τὸ μὲν ζ'η'θ'ι'κ' τὴν τοῦ ζ'η'θ'ι'κ', τὸ δὲ α'β'γ'δ'ε' τὴν τοῦ α'β'γ'δ'ε'. τοῦτο δὴ ποιῶν ὁ Λακωνικὸς ἐξελιγμὸς τὴν ἐναντίαν κατὰ τὸν Μακεδονικὸν τοῖς πολεμίοις παρέχεται δόξαν· ἐφορμᾶν γὰρ καὶ ἐπιέναι δόξειεν ἂν ὄπιθεν παραφανεῖσιν, ὥστε καταπλῆξαι αὐτοὺς καὶ δειλίαν ἐκ τοῦδε γενέσθαι.

φ'	χ'	ψ'	ω'	ς'
π'	ρ'	σ'	τ'	υ'
α'	β'	γ'	δ'	ε'
ζ'	η'	θ'	ι'	κ'
λ'	μ'	ν'	ξ'	ο'
ζ'	η'	θ'	ι'	κ'
α'	β'	γ'	δ'	ε'

(10.15) ὁ Κρητικὸς δὲ καὶ Περσικὸς καλούμενος μέσος ἐστὶν ἀμφοῖν· οὐ γὰρ τὸν ὄπιθεν τῆς φάλαγγος μεταλαμβάνει τόπον, ὡς ὁ Μακεδονικός, οὔτε τὸν ἔμπροσθεν, ὡς ὁ Λακωνικός, ἀλλ' ἐπὶ τοῦ αὐτοῦ χωρίου ὁ μὲν λοχαγὸς τοῦ οὐραγοῦ τὸν τόπον μεταλαμβάνει καὶ οἱ κατὰ τὸ ἑξῆς ἐπιστάται καὶ πρωτοστάται καὶ παραπορευόμενοι κἀνταῦθα [*fol.* 139v] διχῶς <ἢ> κατὰ λόχον ἢ κατὰ ζυγόν, ἄχρις ἂν ὁ οὐραγὸς τὸν τοῦ λοχαγοῦ τόπον ἀντιμεταλάβῃ, οἷον λοχαγοῦντος τοῦ α'β'γ'δ'ε' καὶ ἑξῆς ἐπιστατοῦντος τοῦ ζ'η'θ'ι'κ' καὶ ἐφ' ἑξῆς τοῦ λ'μ'ν'ξ'ο', καὶ μετὰ τοῦτο τοῦ π'ρ'σ'τ'υ' – ἔστω δὲ τοῦτο οὐραγοῦν – ὅτ' ἂν τὸ μὲν α'β'γ'δ'ε' τὸν τοῦ π'ρ'σ'τ'υ' τόπον μεταλαμβάνῃ, τὸ δὲ ζ'η'θ'ι'κ' τὸν τοῦ λ'μ'ν'ξ'ο', τὸ δὲ λ'μ'ν'ξ'ο' τὸν τοῦ ζ'η'θ'ι'κ', τὸ δὲ π'ρ'σ'τ'υ' τὸν τοῦ α'β'γ'δ'ε'. οὕτω γὰρ ὁ ἐξελιγμὸς οὐκ ἀποστήσει τοῦ αὐτοῦ χωρίου τὴν φάλαγγα, ὅπερ ἡμῖν ἔσται χρήσιμον, ὁπότ' ἂν ὦσιν οἱ ἑκατέρωθεν τόποι φαυλότεροι.

platzieren sich auf beiden Seiten des Reihenschließerglieds, offenkundig auf doppelte Weise, nämlich nach Reihe oder Glied, und es wird ζ'η'θ'ι'κ' die Stellung von ζ'η'θ'ι'κ' haben, α'β'γ'δ'ε' die von α'β'γ'δ'ε'. Wer dieses lakonische Wendemanöver im Gegensatz zum makedonischen macht, wird bei den Feinden Eindruck machen; es mag nämlich so scheinen, als greife er die von hinten Erscheinenden an, so dass diese erschrecken und davon feige werden.

φ'	χ'	ψ'	ω'	ς'
π'	ρ'	σ'	τ'	υ'
α'	β'	γ'	δ'	ε'
ζ'	η'	θ'	ι'	κ'
λ'	μ'	ν'	ξ'	ο'
ζ'	η'	θ'	ι'	κ'
α'	β'	γ'	δ'	ε'

(10.15) Das sogenannte kretische oder persische (Wendemanöver) ist das mittlere zwischen beiden (dazu die Schemazeichnung S. 162/163); es übernimmt nämlich weder den Platz hinter der (gewendeten) Phalanx, wie das makedonische, noch den vor ihr, wie das lakonische; vielmehr übernimmt an demselben Ort der Reihenführer den Platz des Reihenschließers und dann nacheinander die *Epistatai* und *Protostatai,* Sie ziehen von dort in zweifacher Weise, nach Reihe oder Glied, aneinander vorbei, bis der Reihenschließer den Platz des Reihenführers übernommen hat. Wenn also das Reihenführerglied α'β'γ'δ'ε' ist, das *Epistatai*-Glied dahinter ζ'η'θ'ι'κ', das dahinter λ'μ'ν'ξ'ο' und das nach diesem π'ρ'σ'τ'υ' – es sei dies das Reihenschließerglied –, dann übernimmt α'β'γ'δ'ε' den Platz von π'ρ'σ'τ'υ', ζ'η'θ'ι'κ' den von λ'μ'ν'ξ'ο', λ'μ'ν'ξ'ο' den von ζ'η'θ'ι'κ' und π'ρ'σ'τ'υ' den von α'β'γ'δ'ε'. So wird das Wendemanöver die Phalanx nicht von ihrem eigenen Ort wegstellen, was uns nützlich scheint, wenn die Plätze auf beiden Seiten recht schlecht sind.

α'	β'	γ'	δ'	ε'
ζ'	η'	θ'	ι'	κ'
λ'	μ'	ν'	ξ'	ο'
π'	ρ'	σ'	τ'	υ'

(10.16) γίνονται δὲ κατὰ ζυγὸν ἐξελιγμοί, ὅτ᾽ ἂν τὰ κέρατα μεθίστηται διὰ τῶν ἀποτομῶν· ταύταις γὰρ ἰσχυρὰ ποιεῖται τὰ μέσα τῆς φάλαγγος. ἐνίοτε δὲ κατὰ ἀποτομὰς οὐκ ἐγχωρεῖ τοὺς ἐξελιγμοὺς ποιήσασθαι, ὅτ᾽ ἂν ἐγγὺς ὦσιν οἱ πολέμιοι, ἀλλὰ κατὰ σύνταγμα, ὥστε τὸ τοῦ συντάγματος δεξιὸν ἀντιμεταλαμβάνειν τὰ λαιὰ καὶ ἀνάπαλιν.

(10.17) διπλασιάσαι δὲ λέγεται διχῶς· ἢ γὰρ τόπον, ἐν ᾧ ἡ φάλαγξ, μένοντος τοῦ πλήθους τῶν ἀνδρῶν, ἢ τὸν ἀριθμὸν αὐτῶν· γίνεται δὲ ἑκάτερον διχῶς κατὰ λόχον ἢ κατὰ ζυγόν, ταὐτὸν δὲ εἰπεῖν κατὰ βάθος ἢ κατὰ μῆκος. κατὰ μῆκος μὲν οὖν γίνεται διπλασιασμὸς ἀνδρῶν, ὅτ᾽ ἂν μεταξὺ τῶν προϋπαρχόντων λόχων παρεμβάλωμεν ἢ παρεμπλέκωμεν ἄλλους αὐτοῖς ἰσαρίθμους τὸ μῆκος τῆς φάλαγγος φυλάττοντες, ὥστε πύκνωσιν γενέσθαι μόνην ἐκ τῆς τῶν ἀνδρῶν διπλασιάσεως· κατὰ βάθος δέ, ὅτ᾽ ἂν μεταξὺ τῶν προϋπαρχόντων ζυγῶν ἄλλα αὐτοῖς ἰσάριθμα <παρεμβάλωμεν> ὥστε κατὰ βάθος εἶναι πύκνωσιν μόνην· τί δὲ διενήνοχε παρεμβολὴ παρεμπλοκῆς, εἴρηται πρότερον.

(10.18) τόπου δὲ γίνεται διπλασιασμὸς κατὰ μῆκος μέν, ὅτ᾽ ἂν τὴν προειρημένην κατὰ μῆκος πύκνωσιν μανότητι μετατάττωμεν, ἢ οἱ παρεντεθέντες ἐξελίξωσι κατὰ μῆκος πρὸς τὸ μὴ ὑπερκερασθῆναι ὑπὸ τῶν πολεμίων ἢ ὅτ᾽ ἂν ὑπερκεράσαι βουλώμεθα τοὺς πολεμίους· τὸ δ᾽ ὑπερκεράσαι ἐστὶν τὸ τῷ κέρατι ὑπερβαλέσθαι τὸ ἐκείνων

α'	β'	γ'	δ'	ε'
ζ'	η'	θ'	ι'	κ'
λ'	μ'	ν'	ξ'	ο'
π'	ρ'	σ'	τ'	υ'

(10.16) Nach Gliedern werden Wendemanöver gemacht, wenn jemand die (kampfstarken äußeren) Hörner anstelle der (inneren) *Apotomai* (Abschnitte; s. o. 2.10) platziert; damit wird die Mitte der Phalanx gestärkt. Manchmal genügt der Raum nicht dafür, Wendemanöver durchzuführen, wenn die Feinde nahe sind; dann macht man sie in den *Syntagmata* (Einheiten von 256 Mann; s. o. 2.8), so dass die rechte Seite des *Syntagma* die linke übernimmt und umgekehrt.

(10.17) Dass Verdoppelungen auf zwei Weisen durchgeführt werden, sagt man: entweder nach dem Platz, auf dem die Phalanx steht, durch Verdoppelung der Menge der Männer oder aber nach der Zahl; es geschieht jeweils auf doppelte Weise, in der Reihe und im Glied, d. h. in der Tiefe oder in der Breite. In der Breite geschieht eine Verdoppelung der Männer, wenn wir zwischen die zuvor schon vorhandenen Reihen andere in gleicher Zahl einschieben oder einflechten und dabei die Breite der Phalanx bewahren, so dass nur eine Verdichtung aus der Verdoppelung der Anzahl Männer geschieht. In der Tiefe geschieht sie, wenn wir zwischen die zuvor schon vorhandenen Reihen andere in gleicher Zahl einfügen oder einflechten, so dass es nur in der Tiefe eine Verdichtung gibt. Was den Einschub von der Einflechtung unterscheidet, ist schon gesagt.

(10.18) Eine Verdoppelung des Platzes geschieht in der Breite, wenn wir die vorgenannte Verdichtung durch Ausdünnung auseinanderziehen oder wenn die Eingeschobenen ein Wendemanöver in die Breite machen, damit sie nicht von den Feinden überhörnt werden oder wenn sie selbst die Feinde überhörnen wollen; Überhörnen bedeutet, mit dem eigenen Horn

κέρας τοῦ ἑτέρου ἐνίοτε καὶ τοῦ ἑτέρου ἐλλείποντος δι' ὀλιγότητα ἀνδρῶν, ὡς, ὅτ' ἄν γε καθ' ἑκάτερον κέρας ὑπερβάλλωσιν, ὑπερφαλαγγεῖν λέγεται.
(10.19) κατὰ βάθος δὲ γίνεται τόπου διπλασιασμός, ὅτ' ἂν τὴν προειρημένην κατὰ βάθος πύκνωσιν μανότητι μετατάττομεν ἢ οἱ παρεντεθέντες ἐξελίξωσι κατὰ βάθος.
(10.20) ἀποκαταστῆσαι δὲ ὅτ' ἂν βουλώμεθα ἐπὶ τὰ ἐξ ἀρχῆς, [*fol.* 140r] παραγγελοῦμεν ἐξελίσσειν τοὺς μετατεταγμένους εἰς οὓς προεῖχον τόπους. ἔνιοι δὲ τοὺς τοιούτους διπλασιασμοὺς ἀποδοκιμάζουσιν καὶ μάλιστα ἐγγὺς ὄντων τῶν πολεμίων, ἐφ' ἑκάτερα δὲ τῶν κεράτων τοὺς ψιλοὺς καὶ τοὺς ἱππέας ἐπεκτείνοντες τὴν ὄψιν τοῦ διπλασιασμοῦ χωρὶς ταραχῆς τῆς φάλαγγος ἀποδιδόασιν.
(10.21) γίνεται δὲ ἐκ τῶν τοιούτων σχηματισμῶν φάλαγξ τοτὲ μὲν τετράγωνος, τοτὲ δὲ παραμήκης καὶ ἤτοι πλαγία, ὅτ' ἂν τὸ μῆκος τοῦ βάθους πολλαπλάσιον <ἢ> ὀρθία ὅταν ἀνάπαλιν τὸ βάθος τοῦ μήκους· τούτων δ' ἀνὰ μέσον ἡ λοξή, ἡ θἄτερον κέρας πλησίον ἔχουσα τῶν πολεμίων καὶ ἐν αὐτῷ τὸν ἀγῶνα ποιουμένη, καὶ δ' ἐν ἀποστάσει δι' ὑποστολῆς ἔχουσα, δεξιὰ μὲν ἡ τὰ δεξιὰ προβεβλημένη, λαιὰ δὲ ἡ τὸ λαιόν.

γ γ γ γ γ γ
γ γ γ γ γ γ
γ γ γ γ γ γ
γ γ γ γ γ γ
γ γ γ γ γ γ

τετράγωνος

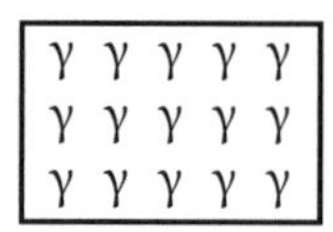

πλαγία

ὀρθή

das der anderen Seite zu übertreffen, das manchmal wegen des Mangels an Männern kürzer als das andere ist; so nennt man, wenn auf beiden Seiten das (gegnerische) Horn übertrifft, dies »mit der Phalanx übertreffen« (*hyperphalangein*).

(10.19) In der Tiefe geschieht eine Verdoppelung des Platzes, wenn wir die vorgenannte Verdichtung in der Tiefe durch Ausdünnung auseinanderziehen oder wenn die Eingeschobenen ein Wendemanöver in die Tiefe machen.

(10.20) Wenn wir sie in die anfänglichen Stellungen zurückplatzieren wollen, befehlen wir denen, die umgestellt worden sind, ein Wendemanöver zu den Plätzen zu machen, die sie vorher hatten. Manche aber verwerfen diese Art von Verdoppelungen, insbesondere wenn Feinde nahe sind. Sie dehnen die Leichtbewaffneten und Reiter beiderseits der Hörner aus und schaffen so das Aussehen der Verdoppelung ohne Verwirrung der Phalanx.

(10.21) Aus den Formationsbildungen dieser Art wird die Phalanx bald quadratisch, bald länglich – entweder quer, wenn die Breite ein Vielfaches der Tiefe ist, oder umgekehrt längs, wenn die Tiefe ein Vielfaches der Breite ist. In der Mitte dazwischen ist die Schrägphalanx, bei der eines der beiden Hörner nahe an den Feinden gehalten wird und in diesem den Kampf führt, das entfernte aber in Reserve gehalten wird – rechte (Schrägphalanx), wenn das rechte vorangeworfen ist, linke, wenn das linke.

γ γ γ γ γ γ
γ γ γ γ γ γ
γ γ γ γ γ γ
γ γ γ γ γ γ
γ γ γ γ γ γ

quadratisch

γ γ γ γ γ
γ γ γ γ γ
γ γ γ γ γ

quer

γ γ γ
γ γ γ
γ γ γ
γ γ γ
γ γ γ

längs

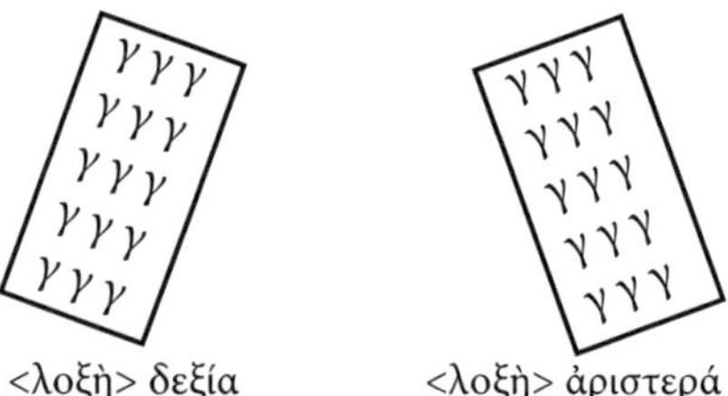

<λοξὴ> δεξία <λοξὴ> ἀριστερά

(10.22) πολλὰ δὲ καὶ ἄλλα σχήματα οὐ μόνον ἐν ταῖς μάχαις, ἀλλὰ κἀν ταῖς πορείαις ἴσχει πρὸς τὰς ἐξαίφνης τῶν πολεμίων ἐφόδους· καταδιαιρεῖται γὰρ εἰς τὰ μέρη τοτὲ μὲν τὰ μείζω, τοτὲ δὲ τὰ ἐλάττω, οἷον κέρατα καὶ ἀποτομάς, ὥστ᾽ ἐν τῇ συζεύξει τὰς μοίρας τοτὲ μὲν ἀντιστόμους γενέσθαι, τοτὲ δὲ ἀμφιστόμους, ἄλλοτε δὲ ὁμοιοστόμους ἢ ἑτεροστόμους. ἢ γὰρ ἐξ ἑνὸς μέρους ὑφορῶνται τοὺς πολεμίους ἢ ἐκ δυεῖν ἢ τριῶν ἢ πανταχόθεν, περὶ ὧν ἑξῆς εἴρηται.

ια'. περὶ πορειῶν

(11.1) παραγωγὴ καλεῖται ἡ τῆς φάλαγγος πορεία ἤτοι καθ᾽ ὅλην ἢ κατὰ μέρη, καί εἰ καθ᾽ ὅλην, ἢ πλαγία λέγεται, ὅτ᾽ ἂν κατὰ τὴν πλαγίαν θέσιν βαδίζῃ, ἢ ὀρθία, ὅτ᾽ ἂν κατὰ τὴν ὀρθίαν· καὶ εἰ πλαγία πορεύοιτο, ἤτοι κατ᾽ ὀρθόν, ὅτ᾽ ἂν κατὰ τοὺς λοχαγούς, ἢ ἐπ᾽ οὐράν, ὅτ᾽ ἂν κατὰ τοὺς οὐραγούς· ὀρθία δὲ εἰ φέροιτο καὶ τὸ λοχαγοῦν ζυγόν, ὃ δὴ καὶ στόμα λέγεται, δεξιὸν ἔχει, δεξιὰ καλεῖται, εἰ δὲ λαιόν, ἀριστερά· λοξὴ δὲ ὡς αὔτως λαιά τε καὶ δεξιὰ ἡ τὸ προὔχον ἔχουσα κέρας ὁμώνυμον, κυρτὴ δὲ καὶ κοίλη καὶ

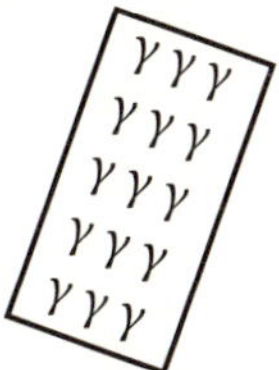

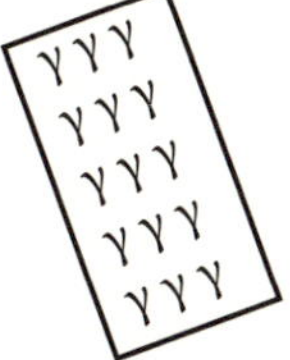

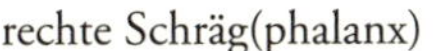

rechte Schräg(phalanx) linke Schräg(phalanx)

(10.22) Viele andere Formationen wird man nicht nur in den Schlachten haben, sondern auch bei den Märschen für die plötzlichen Angriffe der Feinde. Eingeteilt wird das Heer dann einmal in größere, ein andermal in kleinere Teile, etwa Hörner oder *Apotomai* (Abschnitte; s. o. 2.10), damit bei einer *Syzeuxis* (Marsch nebeneinander; s. u. 11.2) die Teile dann bald *antistomos*, bald *amphistomos* werden können, ein andermal aber *homoiostomos* oder *heterostomos*. Entweder nämlich vermutet man die Feinde von einer Seite oder von zwei, drei oder allen Seiten her, worüber im Folgenden der Reihe nach gesprochen wird.

11. Über Märsche

(11.1) *Paragoge* heißt der Marsch der Phalanx, sowohl im Ganzen als auch in Teilen, und wenn im Ganzen, wird er auch quer genannt, wenn er in Richtung der Querseite (also mit der Stirn voran) geht, oder längs, wenn in Richtung der Längsseite. Wenn quer marschiert wird, dann entweder vorwärts in Richtung der Reihenführer oder rückwärts in Richtung der Reihenschließer. Wenn längs gegangen wird und man das Glied der Reihenführer, das auch Mund genannt wird, rechts hat, heißt (die *Paragoge*) rechts, wenn links, dann links. Als schräg, wieder links bzw. rechts, bezeichnet man sie, wenn sie das jeweils so benannte Horn vorne hat, als konvex oder kon-

ἐπικάμπιος εἰς τὸ ὀπίσω τε καὶ πρόσω τὸ στόμα κοῖλον ἢ κυρτὸν ἢ εἰς τοὐπίσω ἢ καὶ πρόσω ἐπικεκαμμένον ἔχουσα, ὡς ἔχει [*fol.* 140ᵛ] τὰ ὑπογεγραμμένα.

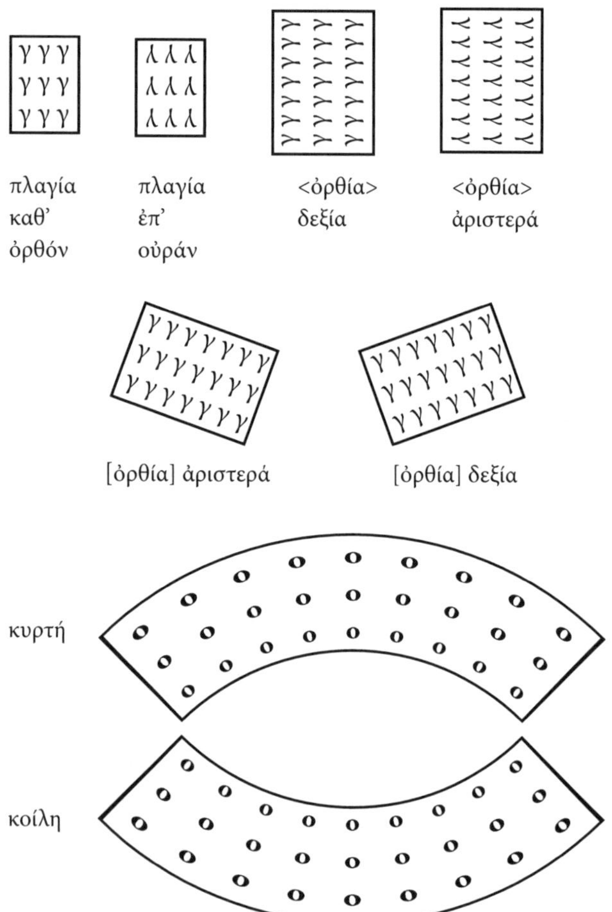

kav oder abgewinkelt nach hinten oder nach vorne, wenn sie den Mund konkav oder konvex oder nach hinten oder nach vorne abgewinkelt hat, wie die Schemazeichnungen unten zeigen.

quer vorwärts

quer rückwärts

längs rechts

längs links

(schräg) links

(schräg) rechts

konvex

konkav

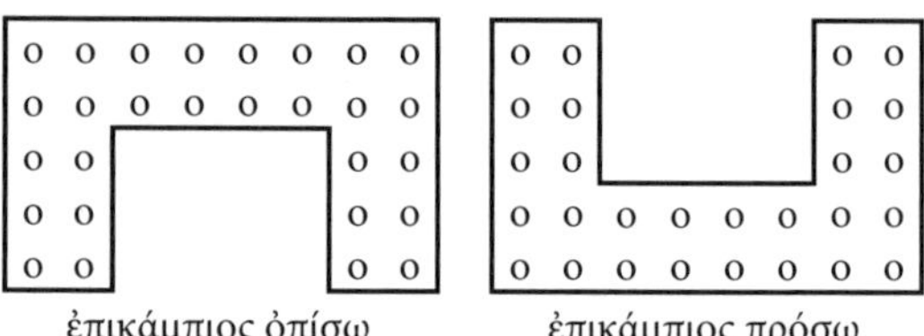

ἐπικάμπιος ὀπίσω ἐπικάμπιος πρόσω

(11.2) τὸ δ' ὄρθιον τοῦτο καὶ πλάγιον οὐ μόνον ἐπὶ τῆς ὅλης φάλαγγος ἐκδέχεσθαι χρή, ἀλλὰ γὰρ καὶ ἐπὶ τῶν μερῶν· εἰ γὰρ κατὰ κέρατα βαδίζοι ἡ φάλαγξ, ἢ κατ' ὄρθια ἢ πλάγια, καί, εἴτε κατ' ὄρθια καὶ εἰ πλάγια, ἢ κατ' ἐπαγωγὴν ἤτοι σύζευξιν· ἔστι δὲ κατ' ἐπαγωγὴν μέν, ὅτ' ἂν τὸ δεύτερον ἕπηται τῷ προτέρῳ, κατὰ σύζευξιν δέ, ὅτ' ἂν μηδ' ἕτερον θατέρου προηγῆται.

(11.3) τοῦ δὲ κατὰ σύζευξιν εἴδη τέσσαρα· ἢ γὰρ δεξιά ἐστιν ἄμφω <τὰ στόματα> ἢ λαιὰ καὶ καλεῖται ὁμοιόστομος, ἡ μὲν δεξιά, ἡ δὲ λαιά, ἢ ἐναντίως ἔχει τὰ στόματα, καὶ εἰ μὲν κατὰ ταῦτα συνάπτοιεν ἀλλήλοις, ἀντίστομος ἐπονομάζεται, εἰ δὲ κατὰ τοὺς οὐραγούς, ἀμφίστομος.

(11.4) τῶν δὲ κατ' ἐπαγωγὴν πορευομένων ποιεῖν ἔστιν ὄρθια ἑτεροστόμως μόνον, διότι τὸ μὲν ἔχει δεξιόν, τὸ δὲ λαιὸν στόμα· οὐ γὰρ οἷόν τε ἐπὶ τὰ αὐτὰ ἔχειν ἄμφω, οὐδὲν γὰρ διοίσει τῆς ὅλης τὰ κέρατα. τὰ γὰρ πλάγια ἢ ὁμοιοστόμως συντεθήσονται ἢ ἀμφιστόμως· τοῖς γὰρ οὐραγοῖς τοῦ ἡγουμένου τοτὲ μὲν οἱ λοχαγοί, τοτὲ δὲ οἱ οὐραγοὶ τοῦ ἑπομένου μεταταγήσονται.

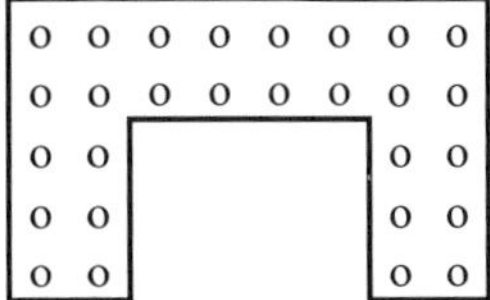

abgewinkelt nach hinten

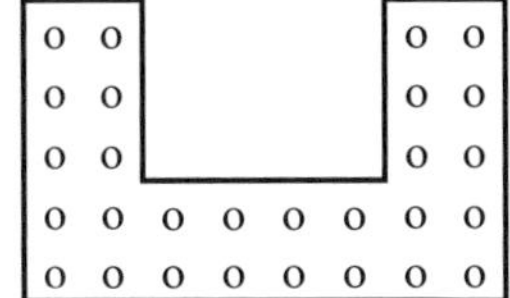

abgewinkelt nach vorne

(11.2) Den Längs- und den Quermarsch muss man nicht nur für die ganze Phalanx annehmen, sondern auch für ihre Teile. Wenn nämlich die Phalanx nach den Hörnern läuft, gleich ob längs oder quer, dann (macht man), je nachdem, ob sie längs oder quer läuft, dies in *Epagoge* (Marsch hintereinander) oder in *Syzeuxis* (Marsch nebeneinander). Es ist ein Marsch in *Epagoge*, wenn die zweite Gruppe der ersten folgt, und in *Syzeuxis*, wenn keiner dem folgenden vorausmarschiert.
(11.3) Von der *Syzeuxis* gibt es vier Arten (dazu die Schemazeichnung S. 172/173): Entweder sind die Münder der beiden Teile beide rechts oder links, dann spricht man von einer *Homoiostomos*; hat sie den einen Mund rechts, den anderen links, oder die Münder einander entgegengesetzt, auch wenn sie sich dabei berühren, wird dies als *Antistomos* bezeichnet, wenn dies bei den Reihenschließern der Fall ist, als *Amphistomos*.
(11.4) Bei denen, die in *Epagoge* marschieren, ist es nur möglich, eine Längs(phalanx) in *Heterostomos*-Weise zu bilden, so dass der eine den Mund rechts, der andere links hat; es ist nämlich nicht möglich, sie beide in dieselbe Richtung zu haben, denn dann würden sich die Hörner nicht vom Ganzen unterscheiden. Die Quer(phalanx) kann entweder in *Homoiostomos*- oder in *Amphistomos*-Weise zusammengestellt werden; für die Reihenschließer des führenden Horns werden die Reihenführer die Stellungen wiederherstellen bzw. die Reihenschließer die des folgenden Horns.

(II.5) καὶ τὰ λοξὰ δὲ συντιθέμενα διττὰς ἔχουσι διαφοράς· ἢ γὰρ λαιὸν ἐν λαιῷ τάττεται μέρει καὶ δεξιὸν ἐν δεξιῷ καὶ καλεῖται ἡ ὅλη κοιλέμβολος, [*fol.* 141r] ἢ ἀνάπαλιν καὶ λέγεται ἔμβολος, ὡς τὰ ὑποτεταγμένα σχήματα.

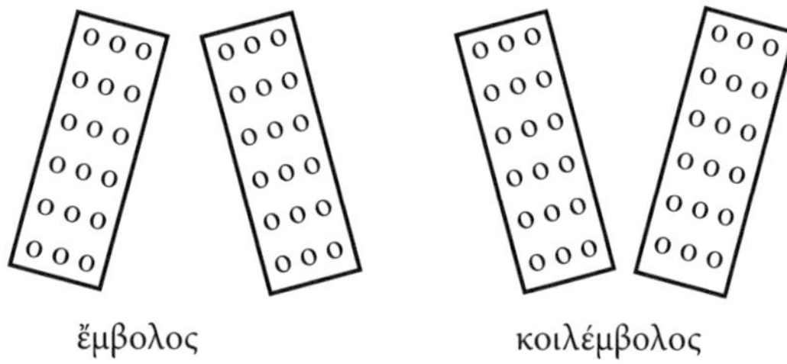

(II.6) ἔστι δ᾽ ὅτε καὶ τετραμερίᾳ πορεύονται κατὰ ἀποτομὰς παντοχόθεν φυλαττόμενοι τοὺς πολεμίους καὶ γίνεται τετράπλευρον περίστομον τοτὲ μὲν ἑτερόμηκες, τοτὲ δὲ τετράγωνον, πανταχόθεν ἔχον στόματα ὡς τὸ ὑπογεγραμμένον.

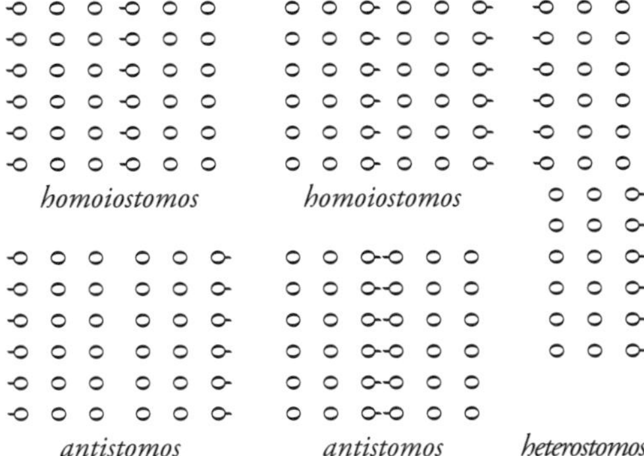

(11.5) Bei der Schräg(phalanx) haben die Zusammenstellungen unterschiedliche Varianten: Entweder wird das linke Horn (Flügel) links aufgestellt und der rechte rechts; dann nennt man das Ganze Hohlkeil; umgekehrt gestellt nennt man es Keil, wie die nachstehenden Schemabilder zeigen.

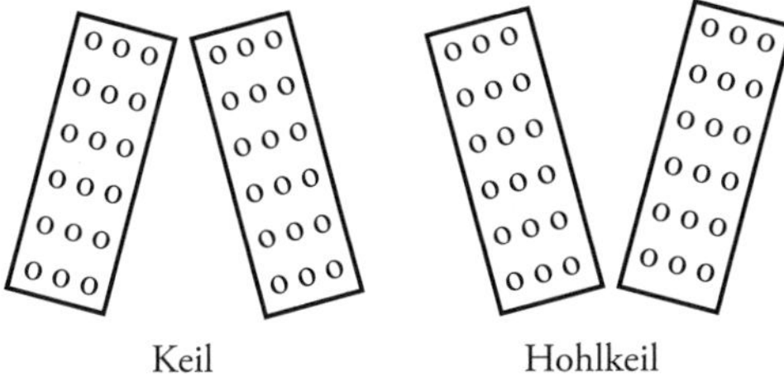

Keil Hohlkeil

(11.6) Es gibt auch Fälle, in denen man in vier Teilen marschiert, mit Außenseiten in alle Richtungen als Schutz vor den Feinden, und es gibt dies als vierseitige *Peristomos*-Formation, bald als rechteckige, bald als quadratische, wobei sie nach dem unten gezeichneten Schemabild überall Münder hat.

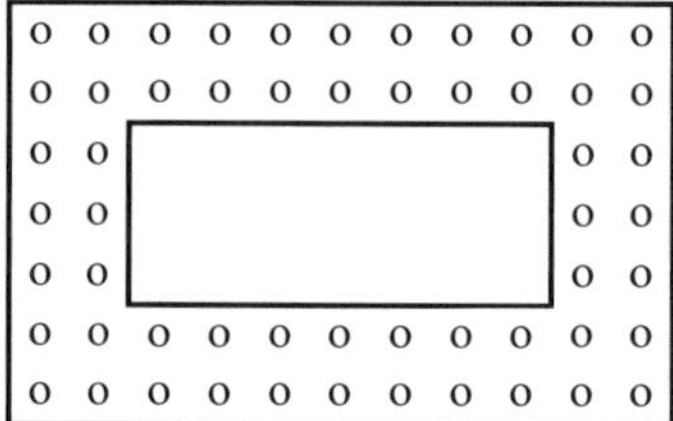

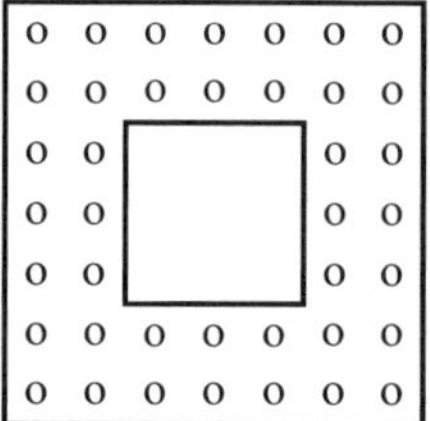

(11.7) ὅτ᾽ ἂν δὲ κατὰ πλείω μέρη πορεύωνται, ἢ ἐσπαρμένα συντάγματα πορεύσεται ἢ πεπλεγμένα· πεπλεγμένα δέ ἐστιν ὅτ᾽ ἂν λοξὰ πορεύηται ὑοειδῆ τὴν ὅλην ποιοῦντα φάλαγγα· ἐσπαρμένα δὲ ὁπότ᾽ ἂν κατὰ παραλληλόγραμμα μόναις ταῖς γωνίαις συνάπτοντα ἀλλήλοις, ταῖς δὲ πλευραῖς ἐπὶ τὸ πρόσω βλέποντα. καὶ ὁ τούτων δὲ τύπος ἐκ τῆς ὑπογραφῆς ἔσται φανερός· γένοιτο δ᾽ ἂν κατὰ τὸ εἰκὸς καὶ ἕτερα σχήματα πρὸς τὰς ἀνακυπτούσας ἁρμόζοντα χρείας.

ooo ooo		ooo ooo		ooo ooo		ooo ooo		ooo ooo		ooo ooo		ooo ooo
	ooo ooo		ooo ooo		ooo ooo		ooo ooo		ooo ooo		ooo ooo	
ooo ooo		ooo ooo		ooo ooo		ooo ooo		ooo ooo		ooo ooo		ooo ooo

(11.8) ἀναγκαιοτάτη δ᾽ οὖσα καὶ ἡ τῶν σκευοφόρων ἀγωγὴ ἡγεμόνος δεομένη κατὰ τρόπους γίνεται πέντε· ἢ γὰρ προάγειν δεῖ τῆς φάλαγγος, ὅτ᾽ ἂν ἐκ πολεμίων ἀπίῃ, ἢ ἐπακολουθεῖν, ὅτ᾽ ἂν εἰς πολεμίους ἐμβάλλῃ, ἢ παρὰ τὴν φάλαγγα κατὰ λαιὰ ἢ δεξιὰ εἶναι, ὁπότ᾽ ἂν φοβῆται τἀναντία μέρη, ἢ τό γε λειπόμενον ἀγόμενα ἐντὸς κοίλῃ τῇ φάλαγγι περιέχεσθαι πανταχόθεν ὄντος τοῦ δέους.

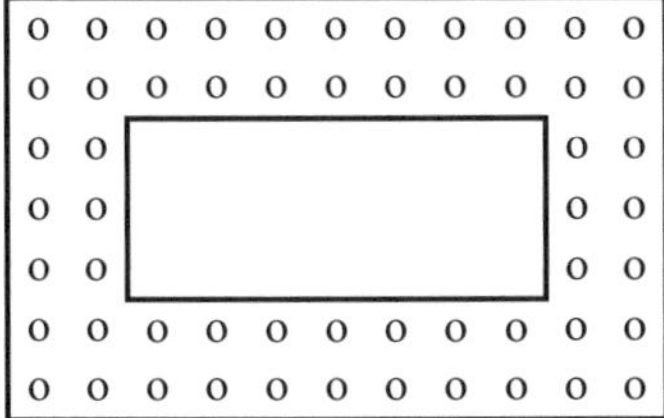

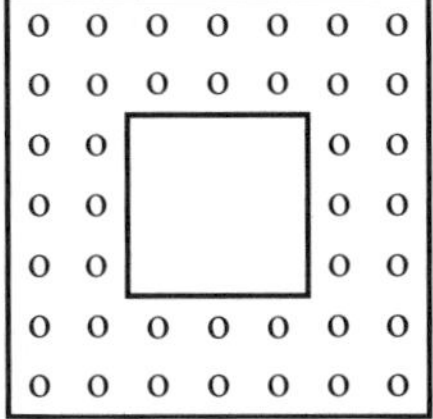

(11.7) Wenn man aber in mehreren Teilen marschiert, wird man entweder mit ausgebreiteten Einheiten marschieren oder mit verschränkten. Ausgebreitet sind sie, wenn schräg marschiert wird, wobei man die ganze Phalanx in eine Y-Form bringt; verschränkt, wenn sie in Parallelogrammen, die einander allein an den Ecken berühren, marschieren, an den Seiten aber nach vorne sehen. Dieser Typus wird aus der unten stehenden Schemazeichnung offenbar. Es ist aber wohl wahrscheinlich, dass auch andere Formationen sich für die jeweils auftauchenden Notwendigkeiten eignen.

ooo ooo		ooo ooo		ooo ooo		ooo ooo		ooo ooo		ooo ooo		ooo ooo
	ooo ooo		ooo ooo		ooo ooo		ooo ooo		ooo ooo		ooo ooo	
ooo ooo		ooo ooo		ooo ooo		ooo ooo		ooo ooo		ooo ooo		ooo ooo

(11.8) Äußerst notwendig aber ist auch der Zug der Trossknechte, der einen eigenen Anführer braucht und auf fünf verschiedene Weisen erfolgt: Der Tross muss entweder vor der Phalanx geführt werden, wenn man aus dem Feindesland zurückkehrt, oder ihr folgen, wenn man gegen die Feinde vorrückt, oder neben der Phalanx rechts oder links, von woher man jeweils die Gegner befürchtet, oder er wird letztens in der hohlen Phalanx geführt und so eingeschlossen, wenn von allen Seiten Gefahr droht.

[*fol.* 141v] ιβʹ. περὶ τῶν κατὰ τὰς κινήσεις προσταγμάτων

(12.1) τοσούτων δὲ ὄντων καὶ τοιούτων σχηματισμῶν ἑπόμενον ἂν εἴη τοῖς περὶ αὐτῶν ἐπιέναι προστάγμασι, καθ' ἃ σχηματίζειν τε αὐτὰ καὶ κινεῖν δυνησόμεθα καὶ ἀποκαθιστάνειν εἰς τὴν προϋπάρχουσαν τάξιν. τοῦτο γὰρ ἦν ἔτι λειπόμενον.

(12.2) ὅτ' ἂν μὲν οὖν ἐπὶ δόρυ τὰ συντάγματα ἐπιστρέφειν βουλώμεθα, παραγγελοῦμεν τὸν ἐπὶ τοῦ δεξιοῦ λόχον ἡσυχίαν ἄγειν, ἕκαστον δὲ τῶν ἐν τοῖς ἄλλοις λόχοις ἐπὶ δόρυ κλῖναι, προσάγειν τε ἐπὶ τὸ δεξιόν, εἶτα εἰς ὀρθὸν ἀποδοῦναι, ἔπειτα προσάγειν τὰ ὀπίσω ζυγά, καὶ ταύτης γενομένης τῆς πυκνώσεως ἐπιστρέφειν ἐπὶ δόρυ, καὶ ἔσται τὸ σύνταγμα ἐπεστραμμένον.

(12.3) ἐὰν δὲ ἐπὶ τὴν ἐξ ἀρχῆς θέσιν ἀποκαταστῆσαι βουλώμεθα, ἐπ' ἀσπίδα μεταβάλλεσθαι παραγγελοῦμεν – ἡ δὲ μεταβολὴ τί σημαίνει πρότερον εἴρηται –, εἶτ' ἀναστρέφειν ὅλον τὸ σύνταγμα, ἔπειτα ἐξ ἀρχῆς τῶν λοχαγῶν ἠρεμούντων οἱ λοιποὶ κατὰ ζυγὰ προαγέτωσαν, ἔπειτα μεταβαλλέσθωσαν, ἐφ' ἃ ἐξ ἀρχῆς ἔνευον· ἔπειτα ὁ δεξιὸς ἠρεμείτω λόχος, οἱ δὲ λοιποὶ ἐπ' ἀσπίδα κλινέτωσαν καὶ προάγοντες ἀποκαθιστάθωσαν. οὕτω γὰρ τὴν τάξιν, ἣν πρότερον εἶχεν, ἕκαστος ἀπολήψεται.

(12.4) εἰ δ' ἐπ' ἀσπίδα βουλοίμεθα ἐπιστρέφειν, παραγγελοῦμεν ἑκάστου συντάγματος τὸν λαιὸν λόχον ἠρεμεῖν, τῶν δὲ ἄλλων ἕκαστον ἐπ' ἀσπίδα κλῖναι καὶ προσάγειν εἰς τὰ λαιά, εἶτα εἰς ὀρθὸν ἀποδοῦναι, ἔπειτα προσάγειν τὰ ὀπίσω ζυγά, καὶ γενομένης τῆς πυκνώσεως

12. Über die Befehle bei den Bewegungen

(12.1) Da es so zahlreiche und so verschiedene Formationen gibt, wird es wohl folgerichtig sein, die Befehle für sie durchzugehen, mit denen wir sie ihre Formationen ändern und sich bewegen lassen und sie in die vorherige Stellung zurückplatzieren können. Dies nämlich ist noch übrig.
(12.2) Wenn wir also die Einheiten eine Viertelschwenkung zum Speer durchführen lassen wollen, befehlen wir der rechten Reihe stillzustehen, und jedem von denen in den anderen Reihen, sich zum Speer zu drehen und nach rechts aufzuschließen, dann die »Drehung wieder geradeaus« (s. o. 10.12) durchzuführen, dann die hinteren Gliedern aufschließen zu lassen, und wenn diese Verdichtung geschehen ist, (allen,) eine Viertelschwenkung zum Speer zu machen, und so wird die Einheit geschwenkt sein.
(12.3) Wenn wir sie in ihre anfängliche Stellung zurückplatzieren wollen, befehlen wir, dass jeder zum Schild (s. o. 10.3) kehrtzumachen hat – was das Kehrtmachen bedeutet, ist zuvor gesagt worden –, dann der ganzen Einheit zurückzuschwenken; dann sollen, während erneut die Reihenführer stillstehen, die übrigen gliedweise vorrücken, dann kehrtmachen, so dass sie dorthin blicken, wohin sie von Anfang an geblickt haben. Dann muss die rechte Reihe jeder Einheit stillstehen, die übrigen müssen sich aber alle zum Schild hin drehen, vorrücken und sich zurückplatzieren. So wird jeder die Stellung, die er vorher hatte, wieder einnehmen.
(12.4) Wenn wir sie eine Viertelschwenkung zum Schild machen lassen wollen, befehlen wir der linken Reihe jeder Einheit stillzustehen, von den anderen aber einem jeden, sich zum Schild zu drehen und nach links aufzuschließen, dann die »Drehung wieder geradeaus« durchzuführen, dann die hinteren Glieder aufschließen zu lassen, und wenn diese

ἐπ᾽ ἀσπίδα ἐπιστρέφειν περὶ τὸν λαιὸν λοχαγόν, καὶ γέγονε τὸ παραγγελθέν.

(12.5) ἀποκαταστῆσαι δὲ βουλόμενοι ἕκαστον μεταβαλοῦμεν, εἶτα σύνταγμα ἀναστρεψάτω, εἶτα οἱ λοχαγοὶ ἠρεμείτωσαν, οἱ δὲ λοιποὶ κατὰ ζυγὰ προαγέτωσαν, ἔπειτα ὁ λαιὸς λόχος ἠρεμείτω, οἱ δὲ λοιποὶ ἐπὶ δόρυ κλίναντες προαγέτωσαν, ἕως ἂν ἀποκαταστῇ τὰ διαστήματα, εἶτα εἰς ὀρθὸν ἀποδότωσαν, καὶ πάντες ἕξουσι τὴν τάξιν ἣν πρότερον εἶχον.

(12.6) ἐὰν δὲ ἐπὶ δόρυ περισπᾶν βουλώμεθα, δύο ἐπιστροφὰς ἐπὶ τὸ αὐτὸ ποιῆσαι παραγγελοῦμεν· ἀποκαταστῆσαι δὲ βουλόμενοι παραγγελοῦμεν ἔτι ἐπὶ δόρυ περισπᾶν – ἐκ τεσσάρων γὰρ ἐπιστροφῶν εἰς τὸ αὐτὸ πάλιν ἀποκαθίσταται –, τούτων δὲ γενομένων ἔτι παραγγελοῦμεν τοὺς λοχαγοὺς ἠρεμεῖν, τοὺς δὲ λοιποὺς <μεταβάλλεσθαι> καὶ ἀπιέναι τὰ ὀπίσω ζυγά, εἶτα <πάλιν> μεταβάλλεσθαι, τὸν δεξιὸν δὲ λόχον ἠρεμεῖν καὶ τοὺς λοιποὺς ἐπ᾽ ἀσπίδα κλίναντες προάγειν καὶ ἀποκαθιστάνειν <εἰς> τὸ ἐξ ἀρχῆς [*fol.* 142^{r}] διάστημα, <εἶτα> εἰς ὀρθὸν ἀποδοῦναι, καὶ οὕτως ἔσται εἰς τὸ ἐξ ἀρχῆς καθεστῶτα.

(12.7) εἰ δὲ ἐπ᾽ ἀσπίδα βουλόμεθα περισπᾶν, τοῖς ἐναντίοις παραγγελοῦμεν ἐπ᾽ ἀσπίδα δὶς ἐπιστρέφειν, <…> ἀλλὰ μὴ ἐπὶ δόρυ, καὶ ταῖς ὁμοίαις ἀγωγαῖς χρήσασθαι. ὁμοίως δὲ καὶ ἐκπερισπάσαι βουλόμενοι τρὶς ἐπιστρέψομεν τὰ συντάγματα.

Verdichtung geschehen ist, (allen,) um den linken Reihenführer eine Viertelschwenkung zum Schild zu machen. So ist der Befehl ausgeführt.

(12.5) Wenn wir jede (Einheit) zurückplatzieren wollen, muss die Einheit zurückschwenken, dann müssen die Reihenführer stillstehen, die übrigen müssen gliedweise vorrücken, dann kehrtmachen. Dann muss die linke Reihe still stehen, die übrigen müssen sich zum Speer drehen und vorrücken, bis sie in die Stellung der eigenen Abstände zurückplatziert sind. Dann muss die »Drehung wieder geradeaus« durchgeführt werden und alle werden die anfängliche Stellung haben.

(12.6) Wenn wir sie eine Halbschwenkung zum Speer machen lassen wollen, werden wir zwei Viertelschwenkungen in die gleiche Richtung befehlen; wenn wir sie zurückplatzieren wollen, werden wir befehlen, dass sie eine Halbschwenkung zum Speer zu machen haben – aus vier Viertelschwenkungen in die gleiche Richtung besteht nämlich die Zurückplatzierung –; wenn das geschehen ist, befehlen wir den Reihenführern stillzustehen und den übrigen, kehrtzumachen und die hinteren Glieder loszuschicken, dann erneut kehrtzumachen, dann der rechten Reihe stillzustehen und den übrigen, die sich zum Schild drehen, vorzurücken und sich in die anfänglichen Abstände zurückzuplatzieren, dann die »Drehung wieder geradeaus« durchzuführen. So wird sie wieder in die anfängliche Stellung zurückplatziert sein.

(12.7) Wenn wir sie eine Halbschwenkung zum Schild machen lassen wollen, werden wir mit den gegenteiligen Befehlen zwei Viertelschwenkungen zum Schild machen lassen, <Lücke im Text> aber nicht zum Speer, und die gleichen Züge nutzen. Ebenso werden wir, wenn wir sie eine Dreiviertelschwenkung machen lassen wollen, die Einheiten drei Viertelschwenkungen machen lassen.

(12.8) ἐὰν δὲ κατὰ <τὸ δεξιὸν> κέρας τὴν φάλαγγα πυκνῶσαι δέῃ, παραγγελοῦμεν ἐπὶ τοῦ δεξιοῦ τὸν δεξιὸν λόχον ἠρεμεῖν, τοὺς δὲ λοιποὺς ἐπὶ δόρυ κλίναντας προσάγειν ἐπὶ τὸ δεξιόν, ἔπειτα εἰς ὀρθὸν ἀποδιδόναι, καὶ προσάγειν τὰ ὀπίσω ζυγά. ἀποκαταστῆσαι δὲ προαιρούμενοι παραγγελοῦμεν τὸ μὲν λοχαγοῦν ζυγὸν ἠρεμεῖν, τὰ δ' ὀπίσω ζυγὰ μεταβαλλόμενα ἀνίεσθαι, εἶτα πάλιν μεταβάλλεσθαι, ἔπειτα τοῦ δεξιοῦ λόχου ἠρεμοῦντος οἱ λοιποὶ ἐπ' ἀσπίδα κλίναντες προαγέτωσαν, ἕως ἂν τὰ ἐξ ἀρχῆς διαστήματα συντηρήσαντες εἰς ὀρθὸν ἀποδῶται.

(12.9) εἰ δὲ τὸ λαιὸν κέρας πυκνῶσαι δέῃ, τἀναντία παραγγελοῦμεν, εἰ δὲ τὸ μέσον τῆς φάλαγγος, τὴν δεξιὰν ἀποτομὴν ἐπ' ἀσπίδα κλίναντες, τὴν δὲ λαιὰν ἐπὶ δόρυ, εἶτα προσάγειν κελεύοντες ἐπὶ τὸν ὀμφαλὸν τῆς φάλαγγος, ἔπειτα εἰς ὀρθὸν ἀποδοῦναι <καὶ> προσάγειν τὰ ὀπίσω ζυγά, ἕξομεν ὃ προαιρούμεθα. ἀποκαταστῆσαι δὲ βουλόμενοι μεταβάλλεσθαι παραγγελοῦμεν καὶ προάγειν κατὰ ζυγὰ χωρὶς τοῦ πρώτου, ἔπειτα πάλιν μεταβάλλεσθαι, καὶ τὴν μὲν δεξιὰν διφαλαγγίαν ἐπὶ δόρυ, τὴν δὲ λαιὰν ἐπ' ἀσπίδα κλῖναι, εἶτα κατὰ λόχους ἀκολουθεῖν τοῖς ἡγουμένοις, ἄχρις ἂν τὰ ἐξ ἀρχῆς λάβωσι διαστήματα, εἶτα εἰς ὀρθὸν ἀποδοῦναι.

δεῖ δὲ ἄνω τὰ δόρατα εἶναι ἐν ταῖς πυκνώσεσι πρὸς τὸ μὴ ἐμποδὼν ταῖς κλίσεσι γίνεσθαι.

(12.8) Wenn die Phalanx auf dem rechten Horn verdichtet werden muss, befehlen wir auf der rechten Seite der rechten Reihe stillzustehen, den übrigen aber, sich zum Speer zu drehen, nach rechts aufzuschließen, dann die »Drehung wieder geradeaus« durchzuführen und die rückwärtigen Glieder aufschließen zu lassen. Wenn wir sie zurückplatzieren wollen, befehlen wir dem Reihenführerglied stillzustehen und den rückwärtigen Gliedern kehrtzumachen und loszugehen, dann erneut kehrtzumachen. Danach befehlen wir, während die rechte Reihe stillsteht, den übrigen, sich zum Schild zu drehen und vorzurücken, bis sie die anfänglichen Abstände bewahrend die »Drehung wieder geradeaus« durchführen.

(12.9) Wenn (die Phalanx) auf dem linken Horn verdichtet werden muss, befehlen wir das Entgegengesetzte. Wenn die Phalanx in der Mitte verdichtet werden muss, befehlen wir der rechten *Apotome* (s. o. 2.10), sich zum Schild zu drehen, der linken aber zum Speer. Dann befehlen wir, dass sie zum Nabel (s. o. 2.6) der Phalanx aufschließen, dann die »Drehung wieder geradeaus« durchführen und die hinteren Glieder aufschließen lassen; so werden wir haben, was wir vorhatten. Wenn wir die Phalanx in ihre anfängliche Stellung zurückplatzieren wollen, befehlen wir, kehrtzumachen und gliedweise vorzurücken, bis auf das erste Glied. Dann müssen alle erneut kehrtmachen, und zwar muss sich die rechte *Diphalangia* (s. o. 2.10) zum Speer drehen, die linke zum Schild. Dann müssen sie nach Reihen ihren Anführern folgen, bis sie die anfänglichen Abstände wieder eingenommen haben; sodann ist die »Drehung wieder geradeaus« durchzuführen.

Man muss aber die Speere bei der Verdichtung aufrecht halten, damit sie die Drehungen nicht behindern.

(12.10) ταῖς δ᾽ αὐταῖς ἀγωγαῖς χρησίμαις οὔσαις πρὸς τὰς τῶν πολεμίων αἰφνιδίους ἐπιφανείας τοὺς ψιλοὺς ἀσκήσομεν. <…> τὰ μὲν φωνῇ, τὰ δὲ διὰ σημείων ὁρατῶν, ἔνια δὲ καὶ διὰ τῆς σάλπιγγος. σαφέστατα μὲν γάρ ἐστι <τὰ> διὰ φωνῆς δηλούμενα – οὐ μὴν πάντοτε δυνατὸν διὰ κτύπον τῶν ὅπλων ἢ διὰ πνευμάτων σφοδρῶν ἐμβολάς, ἀθορυβώτερα δὲ τὰ διὰ τῶν σημείων· ἀλλ᾽ ἐνίοτε καὶ τούτοις ἐπιπροσθοίη <ἢ> ἡλίου ἀνταύγεια ἢ παχύτης ἀέρος καὶ κονιορτοῦ ἢ καὶ ὄμβρου πλῆθος, δι᾽ ὃ οὐ ῥᾴδιον πρὸς πάσας τὰς ἀνακυπτούσας χρείας εὐπορῆσαι σημείων, οἷς προσήθισται ἡ φάλαγξ, ἀλλ᾽ ἐνίοτε πρὸς τοὺς καιροὺς ἀνάγκη καινὰ προσευρίσκειν, πλὴν ἀδύνατον ἅπαντα συμπεσεῖν, ὥστ᾽ ἄδηλον εἶναι καὶ σάλπιγγι καὶ φωνῇ καὶ σημείῳ τὸ παράγγελμα.

(12.11) τὰ μέντοι διὰ φωνῆς σύντο[*fol.* 141[v]]νά τε εἶναι δεῖ καὶ ἀναμφίβολα. τοῦτο ἂν γένοιτο, εἰ τὰ ἰδικὰ τῶν γενῶν τε καὶ κοινῶν προτάττοιμεν· ἀμφίβολα γὰρ τὰ κοινά· οἷον οὐκ ἂν φήσαιμεν »κλῖναι ἐπὶ δόρυ,« ἀλλ᾽ »ἐπὶ δόρυ κλῖναι,« ἵνα μὴ διὰ τὴν προθυμίαν οἱ μὲν ἐπ᾽ ἄλλο, οἱ δὲ ἐπ᾽ ἄλλο τῆς κλίσεως προειρημένης νεύσωσιν, ἀλλ᾽ ὁμοῦ τὸ αὐτὸ ποιήσωσιν· ὡς δὲ οὐδὲ »μεταβάλλειν ἐπὶ δόρυ,« ἀλλ᾽ »ἐπὶ δόρυ μεταβάλλειν« φήσαιμεν, οὐδ᾽ »ἐξέλισσε τὸν Λάκωνα,« ἀλλ᾽ ἀνάπαλιν »τὸν Λάκωνα ἐξέλισσε,« καὶ

(12.10) Mit denselben Zügen, die nützlich sind, um plötzlichem Erscheinen der Feinde zu begegnen, werden wir auch die Leichtbewaffneten üben <Lücke im Text, etwa: Dazu ist es nötig, alle mit Signalen vertraut zu machen, und zwar> die einen mit der Stimme, die anderen mit sichtbaren Zeichen, einige auch mit der Trompete. Am deutlichsten sind die mit der Stimme übermittelten Signale. Allerdings ist dies nicht überall möglich wegen des Lärms der Waffen oder wegen des Einfalls starker Winde. Weniger von solchen Störungen betroffen sind die Befehle durch (optische) Zeichen, aber manchmal werden auch diese durch die Blendung der Sonne, die Dichte des Nebels und des Staubs oder die Menge des Regens behindert, weshalb es nicht leicht ist für alle auftauchenden Notwendigkeiten guten Gebrauch von (optischen) Zeichen zu machen, an welche die Phalanx gewöhnt ist, sondern manchmal muss man aus der augenblicklichen Notwendigkeit neue erfinden. Allerdings ist es unmöglich, dass all dies so zusammenkommt, dass weder durch Trompetenschall noch durch Stimme noch durch (optische) Zeichen der Befehl offenkundig würde.
(12.11) Die Befehle mit der Stimme müssen konzis und dürfen nicht mehrdeutig sein. Das nämlich soll geschehen, wenn wir die Art der Gattung den allgemeinen Befehlen voranstellen. Mehrdeutig nämlich sind die allgemeinen; so sollten wir etwa nicht sagen: »Drehen zum Speer!«, sondern »Zum Speer drehen!«, damit nicht aus Ungeduld die einen die eine, die anderen die andere der vorgenannten Drehungen durchführen, sondern alle zusammen dasselbe machen. Ebenso werden wir nicht »Kehrtmachen zum Speer!«, sondern »Zum Speer kehrtmachen!« sagen, nicht »Das Wendemanöver machen, lakonisch!«, sondern wiederum »Das lakonische Wendemanöver machen!« und (folgende Befehle geben):

»παράστηθι ἐπὶ τὰ ὅπλα.«
»ὁ σκευοφόρος ἀποχωρείτω τῆς φάλαγγος.«
»ἡσυχία δὲ ἔστω καὶ προσέχετε τῷ παραγγέλματι.«
»ὑπόλαβε τὴν σκευήν.
»ἀνάλαβε.«
»διάστηθι.«
»ἀνάλαβε τὸ δόρυ.«
»στοίχει.«
»ζύγει.«
»παρόρα ἐπὶ τὸν ἡγούμενον.«
»ὁ οὐραγὸς ἀπευθυνέτω τὸν ἴδιον λόχον.«
»συντήρει τὰ ἐξ ἀρχῆς διαστήματα.«
»ἐπὶ δόρυ κλῖνον.«
»πρόαγε.«
»ἔχου οὕτως.«
»τὸ βάθος διπλασίαζε.«
»ἀποκατάστησον.«
»τὸ βάθος ἡμισίαζε.«
»ἀποκατάστησον.«
»τὸ μῆκος διπλασίαζε.«
»ἀποκατάστησον.«
»τὸν Λάκωνα ἐξέλισσε.«
»ἀποκατάστησον.«
»ἐπίστρεφε.«
»ἀποκατάστησον.«
»ἐπὶ δόρυ περίσπα.«
»ἀποκατάστησον« ἢ »ἐπικατάστησον,«
κατὰ τὰ αὐτὰ καὶ »ἐπ᾽ ἀσπίδα«.

αὗται διὰ βραχέων αἱ τοῦ τακτικοῦ καθηγήσεις, τοῖς μὲν χρωμένοις σωτηρίαν πορίζουσαι, τοῖς δ᾽ ἐναντίοις κινδύνους ἐπάγουσαι.

»Stelle dich neben die Waffen!«
»Der Trossknecht entferne sich von der Phalanx!«
»Schweigen soll herrschen und achtet auf das Befohlene!«
»Nimm die Rüstung ab!«
»Aufnehmen!«
»Auseinander treten!«
»Hoch die Speere!«
»In die Reihe treten!«
»In das Glied treten!«
»Achte auf den Anführer!«
»Der Reihenschließer soll die eigene Reihe ausrichten!«
»Wiederherstellen der anfänglichen Abstände!«
»Zum Speer drehen!«
»Vorrücken!«
»Halt so!«
»Die Tiefe verdoppeln!«
»Zurückplatzieren!«
»Die Tiefe halbieren!«
»Zurückplatzieren!«
»Die Breite verdoppeln!«
»Zurückplatzieren!«
»Das lakonische Wendemanöver machen!«
»Zurückplatzieren!«
»Viertelschwenken!«
»Zurückplatzieren!«
»Zum Speer halbschwenken!«
»Zurückplatzieren!« oder »Weiterplatzieren!«,
ebenso auch dasselbe »zum Schild«.

Dies sind in Kürze die Lehren des Taktikers; wenn man sie nutzt, werden sie Erfolg bringen, den Gegnern aber Gefahren bereiten.

ANHANG

Literaturhinweise

Codex Laurentianus LV *4*

http://mss.bmlonline.it > plut.55.4

Angelo Maria BANDINI: Catalogus Codicum Manuscriptorum Bibliothecae Mediceae Laurentianae, Bd. II, Florenz 1768, 229–232

Alphonse DAIN: La collection florentine des tacticiens grecs, Paris 1940

Ausgaben, Übersetzungen und Kommentare

ARRIANOS

Johannes SCHEFFER: Arriani Tactica & Mauricii Artis militaris libri duodecim, Uppsala 1664 (nach späteren Abschriften)

Charles GUISCHARDT (= Karl Gottlieb GUICHARD): Mémoires militaires sur les Grecs et les Romains, Bd. II, Den Haag 1758, 107–145 (nur französ. Übersetzung von 1.1–32.1)

Christian Heinrich DÖRNER: Arrian's von Nicomedien Werke, Bd. I 1, Stuttgart 1829, 43–80 (nur deutsche Übersetzung von 1.1–32.1)

Karl (Charles) MÜLLER: Reliqua Arriani, in: Friedrich DÜBNER: Arriani Anabasis et Indica, Paris 1846, 265–286

Rudolf HERCHER: Arriani Nicomediensis scripta minora, Leipzig 1854 (nach späteren Abschriften)

Hermann KÖCHLY und Wilhelm RÜSTOW: Griechische Kriegsschriftsteller, Bd. II 1: Die Taktiker (Asklepiodotos, Aelianus), Leipzig 1855, 240–470 (nur 1.1–32.1, nach späteren Abschriften)

Alfred EBERHARD und Rudolf HERCHER: Arriani Nicomediensis scripta minora, Leipzig 1885 (nach dem *Codex Laurentianus*)

Antoon Gerard ROOS: Flavius Arrianus, Scripta, Bd. II, Leipzig 1928, 2. Aufl. mit Nachträgen v. Gerhard WIRTH, Leipzig 1968; Nachdruck München 2002 (maßgebliche Ausgabe; s. o. S. 20)

Franz KIECHLE: Die Taktik des Flavius Arrianus, in: Bericht der Römisch-Germanischen Kommission 45, 1965, 87–129 (nur 32.3–44.3)

James G. DEVOTO: Arrianus, Tactical Handbook and the Expedition Against the Alans, Chicago 1993 (engl. Übersetzung)

Antonio SESTILI: Lucio Flavio Arriano, L'arte tattica, Rom 2011 (italien. Übersetzung)

ASKLEPIODOTOS

Angelo MAI: Spicilegium Romanum, Bd. IV, Rom 1840, 577–581 (nur 1–2, aus einer sehr späten Abschrift)

Hermann KÖCHLY und Wilhelm RÜSTOW: Griechische Kriegsschriftsteller, Bd. II 1: Die Taktiker (Asklepiodotos, Aelianus), Leipzig 1855, 130–197 (aus späteren Abschriften)

William OLDFATHER u. a.: Aeneas Tacticus, Asclepiodotus, Onasander (Loeb Classical Library 156), London und Cambridge, Mass. 1923 (nach dem *Codex Laurentianus*)

Lucien POZNANSKI: Asclépiodote, Traité de tactique (Collection des Universités de France), Paris 1992; Nachdruck 2002 (maßgebliche Ausgabe; s. o. S. 20)

Giuseppe CASCARINO: Tecnica della falange. In Appendice: Il Trattato Tactico di Asclepiodoto, Città del Castello 2011

In der Einführung und in der Übersetzung genannte Werke

AILIANOS – Kai BRODERSEN: Ailianos, Antike Taktik / Taktika, griech. u. deutsch, Wiesbaden 2017

Claudius AILIANOS – Kai BRODERSEN: Ailianos, Vermischte Forschung, griech. u. deutsch (Sammlung Tusculum), Berlin i.V.

AINEIAS – Kai BRODERSEN: Aineias (Aeneas Tacticus), Stadtbelagerung / Poliorketika, griech. u. deutsch (Sammlung Tusculum), Berlin 2017

HISTORIA AUGUSTA – Ernst HOHL, Elke MERTEN und Alfons RÖSGER: Historia Augusta, 2 Bde., Zürich u. a. 1976–1985

HOMER – Johann Heinrich VOSS: Homer, Ilias (1793) und Odyssee (1781), hg. v. Ernst HEITSCH und Günter HÄNTZSCHEL, Stuttgart 2010 (hier für die Homer-Zitate genutzt)

INSCHRIFTEN – *AE* = Année épigraphique, Paris seit 1888

LIVIUS – Hans Jürgen HILLEN, Josef FEIX u. a.: Titus Livius, Römische Geschichte, lat. u. deutsch (Sammlung Tusculum), München u. a. seit 1987

PHILOSTRATOS – Kai BRODERSEN: Philostratos, Leben der Sophisten, griech. u. deutsch, Wiesbaden 2014

PLUTARCH – Konrat ZIEGLER und Walter WUHRMANN: Plutarch. Große Griechen und Römer, 6 Bde., Zürich 1954–1965

POLYBIOS – Hans DREXLER: Polybios, Geschichte, 2 Bde., Zürich 1961 (2. Aufl. 1978) – 1963; Karl Friedrich EISEN und Kai BRODERSEN: Polybios, Die Verfassung der römischen Republik. Historien, VI. Buch, griech. u. deutsch, Stuttgart 2012

POSEIDONIOS – Willy THEILER: Poseidonios, Die Fragmente, 2 Bde., Berlin und New York 1982 (ohne Übersetzung); Ludwig EDELSTEIN und Ian G. KIDD: Posidonius, 3 Bde., Cambridge 1972–1999 (mit engl. Übersetzung); s. auch: Jürgen MALITZ: Die Historien des Poseidonios, München 1983

PROKLOS – Gottfried FRIEDLEIN: Proclus, In primum Euclidis elementorum librum commentarii, Leipzig 1873 (ohne Übersetzung)

SENECA - Otto und Eva SCHÖNBERGER: Seneca, Naturales quaestiones, lat. u. deutsch, Stuttgart 1998

SUDA – Ada ADLER: Suidae Lexicon, 5 Bde., Leipzig 1928–1938; engl. Übersetzungen auf www.stoa.org/sol

TERPANDROS – David A. CAMPBELL: Greek Lyric, Bd. II (Loeb Classical Library 143), London und Cambridge, Mass. 1988, 294–320

XENOPHON – Walter MÜRI und Bernhard ZIMMERMANN: Xenophon, Anabasis, griech. u. deutsch (Sammlung Tusculum), 4. Aufl. Mannheim 2010

Studien

Brian BOSWORTH: Arrian and Rome. The Minor Works, in: Aufstieg und Niedergang der römischen Welt, Bd. II 34.1, Berlin und New York 1993, 226–275

Anna BUSETTO: La Tattica di Arriano tra filologia, letteratura ed epigrafia, in: Viola GHELLER (Hg.): Ricerche a confronto. Dia-

loghi di Antichità Classiche e del Vicino Oriente, Zermeghedo 2013, 186–194 und 200–201

– Linguistic Adaptation as Cultural Adjustment. Treatment of Celtic, Iberian, and Latin Terminology in Arrian's Tactica, in: Journal of Ancient History 1, 2013, 230–241

– War as training, war as spectacle. The *hippika gymnasia* from Xenophon to Arrian, in: Geoff LEE, Helene WHITTAKER und Graham WRIGHTSON (Hgg.): Ancient Warfare. Introducing Current Research, Bd. I, Newcastle upon Tyne 2015, 147–171

Ettore CAMARDA: All'ombra di Posidonio. Il Trattato di tattica di Asclepiodoto il Filosofo, in: Annali della Facoltà di Lettere e Filosofia di Bari 48, 2005, 209–238

Brian CAMPBELL: Teach Yourself How to Be a General, in: Journal of Roman Studies 77, 1987, 13–29

Alphonse DAIN: Les manuscrits d'Asclépiodote le Philosophe, in: Revue de Philologie 60, 1934, 341–360 und 61, 1935, 5–21

Albert M. DEVINE: Arrian's Tactica, in: Aufstieg und Niedergang der römischen Welt, Bd. II 34.1, Berlin und New York 1993, 312–337

– Polybius' Lost Tactica. The Ultimate Source for the Tactical Manuals of Asclepiodotus, Aelian, and Arrian?, in: Ancient History Bulletin 9.1, 1995, 40–44

Francesco FIORUCCI: Asklepiodotos, in: Bernhard ZIMMERMANN und Antonios RENGAKOS (Hgg.): Handbuch der griechischen Literatur der Antike, Bd. II, München 2014, 608–610

Richard FÖRSTER: Studien zu den griechischen Taktikern, in: Hermes 12, 1877, 426–449

Günther GOLDSCHMIDT: Die Griechischen Taktiker, in: Werner HAHLWEG (Hg.): Klassiker der Kriegskunst, Darmstadt 1960, 29–54

Bruno HELLY: Sur un passage de la τέχνη τακτική d'Asklépiodote, in: Revue de Philologie 70, 1996, 49–69

Hermann KÖCHLY: De Libris Tacticis, qui Arriani et Aeliani feruntur, Dissertatio (1851) und Dissertationis de Libris Tacticis, qui Arriani et Aeliani feruntur, Supplementum (1852), in: DERS.: Opuscula Academica, Leipzig 1853

– De Scriptorum Militarium Graecorum Codice Bernensi Dissertatio, Zürich 1854

Jon Edward Lendon: Cavalry Formations in the Greek Tactical Tradition, in: Nicholas Sekunda und Alejandro Noguera Borel (Hgg.): Hellenistic Warfare, Bd. I, Valencia 2011, 99–113

Luigi Loreto: Il generale e la biblioteca. La trattatistica militare greca da Democrito di Abdera ad Alexio I Comneno, in: Giuseppe Cambiano, Luciano Canfora und Diego Lanza (Hgg.): Lo spazio letterario della Grecia antica, Bd. II: La ricezione e l'attualizzazione del testo, Rom 1995, 563–589

Karl Konrad Müller: Asklepiodotos 10, in: Realencyclopädie der Classischen Altertumswissenschaft, Bd. I 1, Stuttgart 1893, 1637–1641

William Oldfather: Notes on the Text of Asklepiodotos, in: American Journal of Philology 41, 1920, 127–146

Lucien Poznanski: Essai de reconstruction de Traité de Tactique de Polybe, in: L'Antiquité Classique 49, 1980, 161–172

Eduard Schwartz: Arrianus 9, in: Realencyclopädie der Classischen Altertumswissenschaft, Bd. II 1, Stuttgart 1895, 1230–1247 (wieder in: Ders.: Griechische Geschichtsschreiber, 2. Aufl. Leipzig 1959, 130–155)

Nicholas Sekunda: The Taktika of Poseidonius of Apameia, in: Ders.: Hellenistic Infantry Reform in the 160's BC, Łódź 2001, 125–134

Philip A. Stadter: The Ars Tactica of Arrian. Tradition and Originality, in: Classical Philology 73, 1978, 117–128

– Arrian of Nicomedia, Chapel Hill 1980

Everett L. Wheeler: The Occasion of Arrian's Tactica, in: Greek, Roman and Byzantine Studies 19, 1978, 351–365

Gerhard Wirth: Anmerkungen zur Arrianbiographie, in: Historia 13, 1964, 209–245

Graham Wrightson: To Use or not to Use. The Practical and Historical Reliability of Asclepiodotus's ›Philosophical‹ Tactical Manual, in: Lee, Whittaker und Wrightson (s. o. bei Busetto) 2015, 65–93

Register